全国安全生产月重点主题图书

重预防　治根本

从事故中学习

石油石化员工 HSE 管理警示教育读本

《从事故中学习》编写组　编

U0253366

石油工业出版社

内 容 提 要

本书围绕石油石化行业典型事故案例，介绍"强化理念意识不放松，强化责任落实不放松，强化能力建设不放松，强化专业管理不放松"的安全理念以及"学习借鉴优秀实践和分析原因查找差距"等内容。

本书适合石油石化企业管理人员和员工阅读。

图书在版编目（CIP）数据

从事故中学习：石油石化员工 HSE 管理警示教育读本 /

《从事故中学习》编写组编 .—北京：石油工业出版社，

2019.5

ISBN 978-7-5183-3388-2

Ⅰ . ①从… Ⅱ . ①从… Ⅲ . ① 石油企业 – 安全事故 –

中国 – 学习参考资料 ② 石油化学工业 – 安全事故 – 中国 –

学习参考资料 Ⅳ . ① TE687

中国版本图书馆 CIP 数据核字（ 2019 ）第 089944 号

《从事故中学习》编写组

　　刘宝林　赵　艺　魏义海　李如明　黄柏麟　韦映竹　王圣迪

出版发行：石油工业出版社

　　　　　（北京安定门外安华里 2 区 1 号　　100011 ）

　　　　　网　址 : www.petropub.com

　　　　　编辑部：（010 ）64523550　　图书营销中心：（010 ）64523633

经　　销：全国新华书店

印　　刷：北京中石油彩色印刷有限责任公司

2019 年 5 月第 1 版　　2019 年 6 月第 2 次印刷

710×1000 毫米　开本：1/16　印张：15

字数：160 千字

定价：48.00 元

（如出现印装质量问题，我社图书营销中心负责调换）

事故是安全工作最无情的验收员。痛定思痛，应该"痛"在哪里？

在惨痛的事故面前，安全生产工作存在的问题，总会格外显眼。不可否认，许多特大安全事故都具有意外性、复杂性、突发性，但几乎每次检讨事故，相关责任者都不能说已经穷尽所有安全工作的要求。

很多时候并不缺乏法规、制度、监管、预案，但在"安全"这个沉重命题下，每一个环节的失守，都会给危险的下坠一个加速度。那些法规落实、区域规划、监管检测上的漏洞，如同开在血管上的切口，触目惊心。党中央反复强调党政同责、一岗双责、失职追责，就是要明确谁是缝合这些可怕切口的那只手。正如人们常说的，安全责任大于天，一是因为安全生产本就该在治理价值序列中占据首要位置，二是因为只有上上下下齐心协力，才能做到"万无一失"，从而避免惨剧发生后的"一失万无"。

平地起高楼，七分打地基，三分盖楼体。生产企业和基层单元的安全是公共安全和国家安全的基础。建设安全生产基础能力，关键就在于提前把安全隐患消灭于萌芽，或者直接远离存在隐患的土壤。从这一点来说，生产单位的负责人必须舍得投入，这也值得安全监管者、城市规划者、发展决策者认真思考。

杨绛在《走到人生边上》中说，要摆正自己的心，先得有诚意，也就是对自己老老实实，勿自欺自骗。在企业管理中，没有什么比"安全第一"更为重要。当经历了长时间的跨越式发展，来到了一个"风险社会"，最需要的就是痛定思痛，回到"正心"的状态。规规矩矩地照章办事，老老实实地解决问题。这样才不会让现代的风险，掩埋生命的可贵。

痛，要常痛！痛定思痛，不能是一时的短痛，更不能好了伤疤忘了痛。有的人对安全事故的痛，痛不过三天，常常是调查时痛，检讨时痛，处理时痛。三关过后，一切照旧。检讨事故原因和消除事故隐患时，要善于举一反三，做到常痛不忘。需要克服形式主义，对隐患排查整改不彻底、不到位的严肃追责问责；坚决克服畏难情绪，根除厌战、倦怠、懒惰行为；坚决克服功利思想，绝不能报喜不报忧。

痛，要真痛！痛定思痛，要有真情实感的痛楚，要从"一切以人民为中心"的立场上来痛。正如习近平总书记指出的那样，"接连发生的重特大安全生产事故，造成重大人员伤亡和财产损失，必须引起高度重视。人命关天，发展决不能以牺牲人的生命为代价。这必须作为一条不可逾越的红线。"要知耻而后勇，做到真痛，必须真查、真改、真到位，达到真安全。

一痛再痛，不可总痛，痛须"思"痛。找到短板，从而更好地把握安全生产工作主动权，走在时间前面，跑到事故前头。

只有这样，才真正是"痛定思痛"。以"痛"为新动力，让安全生产工作在为石油石化企业建设国际一流的综合性能源公司的保驾护航过程中，做出应有的贡献。

目录
CONTENTS

引子　　　　　　　　　　　　　　　　　/1

"意识是灵魂，意识决定安全生产"。在安全生产工作中，人的安全意识尤为重要。抓好安全工作，必须加强员工的自我安全意识，也只有全员自我安全意识得到加强，才能从根本上解决人的不安全行为。

第二章 强化责任落实不放松

安全是一种行为，所有员工必须对自己的行为负责。强化责任落实不放松，把明责知责作为推动责任落实的首要前提，把各负其责作为推动责任落实的重要抓手，把失职追责作为推动责任落实的必要保障。积极负责，把安全责任落实到每一个行为中去。

第三章 强化能力建设不放松

要确保安全，做好安全生产工作，不仅要员工掌握安全知识，还要熟练掌握安全生产技能。如果只有安全知识，但安全生产技能不熟练，也难免会出事故。

第四章　强化专业管理不放松

　　安全是企业生存与获得良性发展的前提和基础。从各行各业已经发生的事故分析，管理漏洞在其中占有相当大的比例。因此，强化专业管理不放松，加强专业部门管理，加强专业委员会管理，加强承包商监管，才是做好安全生产工作的有效手段。

第五章　学习借鉴优秀实践

学习优秀的事故管理实践，就必须对上报的事故事件进行分类，定时定量地进行分析，找出其潜在的规律。通过这种典型的、有代表性的事件分析，形成一个风险预警的曲线。实现对风险管控从无形到有形、从抽象到具体的转变。

第六章　分析原因寻找差距

石油企业如何找到管理路径，既能够满足政府的监管要求，又能够实现企业内部基于改进管理目的的目标。挑战在于管理者如何跳出该管理困局。改进的关键在于转变观念，提高认识，开创性地寻求解决办法。

附　录

引 子

从事故中学习，首先让我们从两个案例说起。

在一次安全审核中发现：某单位办公楼的一部电梯停运，给楼内的员工造成了极大的不便。在楼内上班的员工反映，这部电梯在近期已经多次出现故障：曾经将员工关在电梯里、曾经发生急坠等。

事情的具体过程为：9月14日，管理部门贴出了"大厦电梯故障已修复，恢复正常使用"的通知。同时张贴了电梯维修服务商9月2日提供的"××大厦电梯情况说明"，作为"证据"来支持电梯故障已修复。

从上述"电梯情况说明"中得知：

8月27日之前，电梯出现过热保护，原因是"电梯自投入使用以来，由于搬家和上下班使用，长时间处于高峰运行状态，电梯控制柜的启动电阻、逆变器和主机产生大量热量，加上机房无降温装置，致使机房温度过高。"

8月27日当日，电梯出现急停，原因是"前段时间的高温导致机房控制柜小风扇烧坏"。当天更换小风扇并恢复电梯运行。

8月30日电梯再次出现故障，经过全面检查发现："平层感应器有感应不良现象。现已更换，对电梯运行状况已仔细检查，现电梯运行正常。"

上述情况就是了解到的事故管理现状。

接下来的问题是，从供应商9月2日检修完毕并给出情况说明，直到14日管理单位才发出电梯恢复正常使用的通知，是不是效率低了一些？

供应商的"电梯情况说明"似乎并没有找到电梯频繁出现故障的"准确"原因。"前段时间的高温"已经超出了电梯设计的极限了吗？

"电梯自投入使用以来，由于搬家和上下班使用，长时间处于高峰运行状态……"搬家和上下班使用是电梯的非正常使用吗？

电梯这种特种设备出现故障后，是否需要检验部门的重新检验合格？

在这些问题得到有效解答之前，有常识的人不能认为这部电梯已经完全可以放心地使用了。

那么，在整个石油石化企业，还有多少部电梯有着类似的使用状况，是否可能出现类似的故障呢？

管理部门并没有按照事故（或事故隐患）来管理，要等到类似的事情发生多次，或发生严重后果才当作事故来管理吗？

管理部门的做法有没有存在推卸责任的嫌疑？或者说正在"维修"过程中，一旦发生事故可以推卸责任？

显然，这样的一个"异常"并没有成为系统改进的机会。

　　另一个案例：某工作场所禁止打手机，因为手机信号在这个工作场所可能引起爆炸等事故。然而，某主管"在一次例行检查中听到了手机铃声，然后看到某位员工急急匆匆地跑出去了……"（摘自某单位的车间生产记录）。

　　这是一次典型的违章。虽然没有导致事故发生，但是它提醒我们在管理系统中存在漏洞和不足之处。如果抓住这次"未遂事故"，认真分析，将管理系统中的漏洞弥补好，将不足之处找出来并加以改进，用最小的代价（在真正的事故发生前就整改）换得安全管理上的改进。这是事故管理的真正价值所在，然而，企业并没有这样做。

　　显然，这样的一个"违章"并没有成为系统改进的机会。

　　安全管理是一个不断改进的过程，发现问题、寻找原因、总结经验、吸取教训、学习提高，遵循 PDCA 循环的螺旋式改进已经成为安全管理的基本逻辑和方法。事故（包括未遂事件）作为安全管理体系异常的信号，如果能够被系统地监测到并被系统地分析，用来评价安全管理系统中存在的缺陷，并开展有针对性地改进，就能够使我们构建和采用的安全管理系统不断完善，不断适应环境的发展和变化。

　　石油石化企业的管理层迫切地想知道当前事故管理中存在的问题，比如是不是所有的事故都能够报告上来？是不是能够从每一起事故中真正学习提高，进而避免类似的事故发生？如何通过追踪每一起小事故的发生来改进管理系统的缺陷等。

　　管理层认识到了改进事故管理的必要性和紧迫性，在企业集团层面构建一套指导基层单位开展事故管理工作的系统方法成为下一步工作的一个焦点。管理层希望有效的事故管理能够成为安全管理改进以及企业管理升级的一个重要支撑点。

鉴于这样的管理目标，本书提出了一个针对事故管理的专项调查与评估，希望能够对当前事故管理的现状有一个全面的了解，发现长处，要找出和最佳实践的差距，以实现进一步的改进和完善。

第一章　强化理念意识不放松

"意识是灵魂，意识决定安全生产"。在安全生产工作中，人的安全意识尤为重要。抓好安全工作，必须加强员工的自我安全意识，也只有全员自我安全意识得到加强，才能从根本上解决人的不安全行为。

1　没有安全意识就没有安全的行为

2　安全事故是悬在头上的利刃

3　发挥每个人的主观能动性

4　搞清楚"安全为了谁"

5　坏习惯只能害人害己

6　学习事故不是听故事

学习启思

学习延展

1 没有安全意识就没有安全的行为 »

员工安全意识的提高不是一朝一夕的事情，安全意识的渗透离不开规章制度的执行和防范措施的落实。据悉，美国杜邦公司至今还保存着 1911 年以来的安全操作记录。良好的安全记录是管理人员获得晋升的必要条件之一。安全工作要真正成为企业的头等大事，"安全非常重要"，这种安全意识应该深深扎根于每个员工的心中，并作为一种理念贯穿企业生产的始终，成为企业文化的一种体现。

不佳的业务水平可以通过努力来改变，不佳的安全行为则是永远的遗憾。只有强化员工的安全意识，使安全生产的理念每时每刻出现在职工的脑海中，深入到企业的每一个角落，才能为企业的生产筑起一道永久的安全屏障。

企业安全生产最薄弱的环节是什么？

统计显示，98% 的事故是因为人的原因引起的。而根据有关部门针对大中型企业近 3 年来发生的事故所做的另一项统计显示，人为因素中，安全意识薄弱的因素占到 90% 多，而安全技术水平所占比例不到 10%。再回过头来看看我们企业界的安全培训，90% 的精力用在占 10% 比例的安全技术水平上，只有不到 10% 的精力用在占 90% 比例的安全意识上。90% 和 10% 的倒挂说明什么？说明员工安全意识差，越来越成为制约企业安全生产的瓶颈。

安全意识不强，必将酿成安全事故。这是谁都不能否认的事实。

员工安全意识薄弱，首先弱在他们"安全第一"的意识没有建立。"安全第一"是世界通行的公理，几年前，"安全第一"理应成为全体员工的共识，但当时"预防为主"的意识却没有落实。"安全第一"意识的体现，就是"预防为主"，不能等到大难临头再去考虑"安全第一"。其次弱在主体安全意识淡薄。人们之所以做不到"安全第一"，之所以没有"预防为主"，根本在于主动性不够，在于不知道"安全究竟为了谁"。如果人人都把安全当作别人的事，不把自己作为安全的主体，没有了主动性，员工安全意识的普遍薄弱也就在情理之中了。

安全工作依赖于物质和精神两个方面，物质方面主要是指安全设施，精神方面主要是指安全意识。广义的安全意识，包括有关安全的意愿、意识、知识等。如何提升员工的安全意识，必须遵守安全实践中的三大法则。

2013 年 11 月 22 日 10 时 25 分，位于山东省青岛市经济技术开发区的中国石油化工股份有限公司管道储运分公司东黄输油管道泄漏原油进入市政排水暗渠，在形成密闭空间的暗渠内油气积聚遇火花发生爆炸，造成 62 人死亡、136 人受伤，直接经济损失 75172 万元。

造成事故的直接原因是，输油管道与排水暗渠交汇处管道腐蚀减薄、管道破裂、原油泄漏，流入排水暗渠及反冲到路面。原油泄漏后，现场处置人员采用液压破碎锤在暗渠盖板上打孔破碎，产生撞击火花，引发暗渠内油气爆炸。

通过现场勘验、物证检测、调查询问、查阅资料，并经综合分析认定：由于与排水暗渠交叉段的输油管道所处区域土壤盐碱和地下水氯化物含量高，同时排水暗渠内随着潮汐变化海水倒灌，输油管道长期处于干湿交替的海水及盐雾腐蚀环境，加之管道受到道路承重和振动等因素影响，导致管道加速腐蚀减薄、破裂，造成原油泄漏。泄漏点位于秦皇岛路桥涵东侧墙体外 15cm，处于管道正下部位置。经计算、认定，原油泄漏量约 2000t。

泄漏原油部分反冲出路面，大部分从穿越处直接进入排水暗渠。泄漏原油挥发的油气与排水暗渠空间内的空气形成易燃易爆的混合气体，并在相对密闭的排水暗渠内积聚。由于原油泄漏到发生爆炸达八个多小时，受海水倒灌影响，泄漏原油及其混合气体在排水暗渠内蔓延、扩散、积聚，最终造成大范围连续爆炸。

从这起事故中学习什么：

没有安全意识就没安全的行为，长期的安逸容易使人失去危险的嗅觉，黄岛大爆炸的经济损失超过 7.5 亿元，相信若能提前排除安全隐患，所需费用肯定比这要少得多。无论算政治账还是经济账，都要求人们尽快行动起来。这起事故，相信大家记忆犹新，至少石油石化行业的管理者和员工们，不应该忘记发生在黄海之滨触目惊心的灾难现场，不应该忘记那起重大责任事故造成的严重后果，需要提高安全意识，警醒后人，以期将大部分突如其来的事故扼杀于摇篮之中。

从事故防范措施看：

需要坚持科学发展、安全发展理念，牢牢坚守安全生产红线。各有关部门要深刻吸取山东省青岛市"11·22"中石化东黄输油管道泄漏爆炸特别重大事故的沉痛教训，牢固树立科学发展、安全发展理念，牢牢坚守"发展决不能以牺牲人的生命为代价"这条红线。要把安全生产纳入经济社会发展总体规划，建立健全"党政同责、一岗双责、齐抓共管"的安全生产责任体系，坚持管行业必须管安全、管业务必须管安全、管生产经营必须管安全的原则，把安全责任落实到领导、部门和岗位，谁踩红线谁就要承担后果和责任。在发展地方经济、加快城乡建设、推进企业改革发展的过程中，要始终坚持安全生产的高标准、严要求，各级各类开发区招商引资、上项目不能降低安全环保等标准，不能不按相关审批程序搞特事特办，不能违规"一路绿灯"。政府规划、企业生产与安全发生矛盾时，必须服从安全需要；所有工程设计必须满足安全规定和条件。要坚决纠正单纯以经济增长速度评定政绩的倾向，科学合理设定安全生产指标体系，加大安全生产指标考核权重，实行安全生产和重特大事故"一票否决"。中央企业不管在什么地方，必须接受地方的属地监管；地方政府要严格落实属地管理责任，依法依规，严管严抓。

需要切实落实企业主体责任，深入开展隐患排查治理。各油气管道运营企业要认真履行安全生产主体责任，加大人力物力投入，加强油气管道日常巡护，保证设备设施完好，确保安全稳定运行。要建立健全隐患排查治理制度，落实企业主要负责人的隐患排查治理第一责任，实行谁检查、谁签字、谁负责，做到不打折扣、不留死角、不走过场。要按照《国务院安委会关于开展油气输送管线等安全专项排查整治的紧急通知》（安委〔2013〕9号）要求，认真开展在役油气管道，特别是老旧油气管道检测检验与隐患治理，对与居民区、工厂、学校等人员密集区和铁路、公路、隧道、市政地下管网及设施安全距离不足，或穿（跨）越安全防护措施不符合国家法律法规、标准规范要求的，要落实整改措施、责任、资金、时限和预案，限期更新、改造或者停止使用。国务院安委会将于2014年3月组织抽查，对不认真开展自查自纠，存在严重隐患的企业，要依法依规严肃查处问责。

需要加大政府监督管理力度，保障油气管道安全运行。相关部门要严格执行《中华人民共和国石油天然气管道保护法》《中华人民共和国城镇燃气管理条例》（国务院令第583号）等法律法规，认真履行油气管道保护的相关职责。各级人民政府要加强本行政区域油气管道保护工作的领导，督促、检查有关部门依法履行油气管道保护职责，组织排查油气管道的重大外部安全隐患。市政管理部门在市政设施建设中，对可能影响油气管道保护的，要与油气管道企业沟通会商，制订并落实油气管道保护的具体措施。油气管道保护工作主管部门要加大监管力度，对打孔盗油、违章施工作业等危害油气管道安全的行为要依法严肃处理；要按照后建服从先建的原则，加大油气管道占压清理力度。安全监管部门要配备专业人员，加强监管力量；要充分发挥安委会办公室的组织协调作用，督促有关部门采取不发通知、不打招呼、不听汇报、不用陪同和接待，直奔基层、直插现场的方式，对油气管道、城市管网开展暗查暗访，深查隐蔽致灾隐患及其整改情况，对不符合安全环保要求的立即进行整治，对工作不到位的地区要进行通报，对自查自纠等不落实的企业要列入"黑名单"并向社会公开曝光。对瞒报、谎报、迟报生产安全事故的，要按有关规定从严从重查处。

需要完善油气管道应急管理，全面提高应急处置水平。各有关部门要高度重视油气管道应急管理工作。各级领导干部要带头熟悉、掌握应急预案内容和现场救援指挥的必备知识，提高应急指挥能力；接到事故报告后，基层领导干部必须第一时间赶到事故现场，不得以短信形式代替电话报告事故信息。油气管道企业要根据输送介质的危险特性及管道状况，制订有针对性的专项应急预案和现场处置方案，并定期组织演练，检验预案的实用性、可操作性，不能"一定了之""一发了之"；要加强应急队伍建设，提高人员专业素质，配套完善安全检测及管道泄漏封堵、油品回收等应急装备；对于原油泄漏要提高应急响应级别，在事故处置中要对现场油气浓度进行检测，对危害和风险进行辨识和评估，做到准确研判，杜绝盲目处置，防止油气爆炸。地方各级人民政府要紧密结合实际，制订包括油气管道在内的各类生产安全事故专项应急预案，建立政府与企业沟通协调机制，开展应急预案联合演练，提高应急响应能力；要根据事故现场情况及救援需要及时划定警戒区域，疏散周边人员，维持现场秩序，确保救援工作安全有序。

2 安全事故是悬在头上的利刃　>>

　　安全对每个人来说，都不是轻松的话题。对企业来说，同样不是一个可以掉以轻心的话题。据国际劳工组织估计，全球企业每年大约发生 1.25 亿起事故，22 万人因此死亡，这给个人和企业造成的经济损失和痛苦是难以用金钱来衡量的。

　　安全生产，得之于严，失之于宽；安全工作只有起点没有终点。如果稍有疏忽，安全意识一刹那间离开我们的头脑，可怕的事情就可能会发生，一切的美好，甚至于生命的珍贵都将化为乌有！所以牢记安全责任重于泰山，安全工作常抓不懈，是何等的重要。

　　安全事故是悬在头上的利刃，在你忽视它时就会给你致命一击。历史上许多安全事故的发生都是由于安全责任心不强，自我防护意识差，麻痹大意，心存侥幸，玩忽职守，违规操作造成的。安全意识薄弱是酿成事故悲剧的直接原因。现实生活中，这样的例子比比皆是，然而最可悲、最可怕的是同样的事故重演，不能奢求生活在没有意外的社会，但要通过努力把不确定性降到最低。让"安全"生活在每个角落，让人们生活在一个危险系数小的人生里，这就是对生命最大的保护。所以，避免类似的事故发生是员工的责任，更是检验爱岗、敬业、爱厂精神的标杆，目标是让企业的安全事故通报永远变成空白。

前车之覆，后车之鉴。这一幕幕血的教训提醒人们要时刻牢记：安全责任重于泰山。人一生中最宝贵的是生命，它承载着人类的理想，承载着人类所有的感情。总能听见人们抱怨生命太短暂，犹如昙花一现。然而，几世轮回，才能修得在这缤纷世界走一遭的机会。愈珍贵愈需要珍惜！愈珍贵也愈显得脆弱！应该为脆弱、宝贵的生命筑起一道保护的屏障，而安全就是保证、呵护生命的屏障。所以安全工作的落实需要全体职工的共同努力。其实及时发现身边隐患，及时处理避免重大事故发生的例子比比皆是，这些员工用踏实、严谨的工作作风在自己的岗位上默默奉献，他们是企业的擎天柱，他们是企业的英雄！

众所周知：没有良好的安全生产基础，就不可能充分发挥生产设备的能力，实现预定的安全生产目标。没有安全就谈不上企业的发展，没有安全就谈不上个人生存，没有安全未来就无从说起。所以，安全责任不仅关乎企业，更与员工自身息息相关。为了企业，为了家庭，请把安全思想牢牢树立。请记住：安全规章制度不是束缚员工的绳索，而是指引员工正确前进的航灯。

2018 年 7 月 17 日，某油田公司井下作业分公司作业一大队在准备下原井管柱时，发生物体打击事故，造成 1 名员工死亡。

造成这起事故的直接原因是，井内飞出的井下落物砸中向场外躲避的刘某后脑部安全帽上，致其死亡。现场暴露出的管理原因有，对管柱堵塞、封隔器解封及油管锚失效同时发生的可能性认识不足，对产生的风险未充分预判；针对压裂作业的三项设计编制审查管理不严。该井的地质设计中要求"起出井下封井管柱",但未提供完整的管柱示意图,缺少封堵管柱相关的结构、型号、深度等信息及示意图;未查看井史资料并在地质设计"历次施工情况"中列出的井下落物信息。工程设计直接沿用地质设计的"历次施工情况"及管柱示意图等信息,未根据地质设计中提出的"目前井下管柱由A5(采油与地面工程运行管理系统)提取,仅供参考"的要求对目前井下管柱信息进行核实。

从这起事故中学习什么:

人对安全隐患的习以为常是最可怕的,要想改变这种意识的丧失也是非常困难的,而且改变人的意识也是一个漫长的过程。这起事故的危害之大、教训之深足以让每个人刻骨铭心,安全意识从不给人留疏忽的机会。因此需要提高安全意识,迅速消除安全隐患。同时,安全事故是悬在每个人头上的一把利剑,每个人都应该足够地敬畏它、重视它、消除它,对生命负总责,更对家人负责。

从事故防范措施看:

需要完善井下作业管理制度。认真梳理油田公司、采油单位有关井下作业管理的规章制度,结合井下作业生产实际,进行补充完善,明确油田公司、采油厂、采油矿(作业大队)、采油队(作业队)"四级"管理机构职责分工,构建全过程运行受控的管理体系,全面提升井下作业管理整体水平。

需要强化井下作业项目三项设计管理。严格落实井下作业地质设计、工程设计及施工设计管理制度,加强设计全过程管理，确保设计文件编写、审核、审批各环节工作职责落实到位。一是强化地质、工程方案设计规范管理。明确方案编制职责，修订工作流程，完善方案设计管理制度；加强设计编制审查，对基础数据、生产数据、历次施工情况及井下管柱等信息进行认真核实，确保施工数据、井下管柱及落物情况清晰。二是全面开展施工设计系统排查。强化设计编写、审核、审批的责任落实，对压裂、修井、特种作业方案设计进行系统性排查，及时发现并完善施工设计存在的隐患或漏洞。对施工设计所选用的标准规范进行全面梳理，论证标准之间的兼容性、差异性，提升施工设计的科学性和严谨性，明确各类井下作业执行的技术标准，从源头上把住施工安全关。

需要进一步规范井下资料基础管理。立即组织对历次作业施工井史资料进行详细核对，包括井下管柱结构、井下落物、套变等情况，核实健全资料档案，并实现井史信息资料共享。井下作业施工总结备注栏内要详细标明井下落物，井下丢手类工具深度、解封方式、打捞方式等内容。严格执行《井下作业设计规范》（Q/SY 1142—2008）。设计中基础数据、生产数据、历次施工情况、井下管柱及落物等数据齐全，井控要求、安全环保、工艺要求和风险提示准确，为后续施工安全提供准确基础数据。

需要强化井下作业风险管控。一是严格执行施工方案终止规定，施工异常（包括井下落物）或方案终止，施工方（包括外部施工队伍）须向建设方报告，共同制订风险防控方案。同时建设方严格作业及施工报告等资料的审核，及时消除因施工作业和信息资料管理不善带来的隐患问题。二是针对井下作业过程中存在的卡钻、管柱活动不开、螺纹粘连、杆管断脱、套管无法放压等异常工况，规范处置方法和步骤程序，制定分级管理流程，明确监管职责，严格变更管理，强化信息沟通，确保方案科学合理，风险受控。三是调查分析堵水井产液量变化异常原因，判断封堵管柱是否失效，采取有效措施消除风险。四是加强石油行业标准和企业标准的宣贯和检查，使三项设计、监督管理、施工操作等人员了解、掌握工作的标准、流程，知道怎么干，如何规避风险。

需要进一步强化井下作业工艺危害辨识。针对潜在的危害因素，分专业制定工艺风险隐患排查大表，重点包括下井工具是否满足安全标准、检测报告是否齐全、施工过程中井内产出流体的高低温等物理性质、酸碱性等化学性质是否提示到位，施工人员防护措施等是否按要求配备，完善相应控制措施。

需要强化应急处置能力提升。着重针对修井及常规压裂作业队伍的应急处置卡、员工教育培训等关键环节进行全面排查，从深入风险识别入手，梳理现场突发高风险类别，明晰应急逃生原则，分类组织员工紧急逃生专项培训，并开展应急演练，提高员工对突发情况的处置能力。

3 发挥每个人的主观能动性 »

安全工作常抓不懈就是要以人为本，充分发挥每个人的主观能动性，强化各级领导的安全责任意识，落实安全生产责任制，加强对安全生产工作的领导，任何一个细节上的疏忽或失误，都可能造成人的身体伤害、财产损失甚至失去生命。虽然财产的损失可以亡羊补牢，但对于那些不能复苏的生命来说，对于那些死亡者家属所遭受的无法弥补的身心创伤来说，又何以自处？人们平时难以体会人面临死亡、失去生命的一瞬间，脑里转过什么想法或是经历了什么样的恐惧，但活着的人能感受到一个生命突然从世间消失的恐慌感，这难道不足以让我们沉思、沉思、再沉思吗？一撇一捺的"人"字，其实就代表了支撑天地的脊梁，寓意着做人就必须担负起他人的幸福，也要使自己幸福，只有安全才能有收获，才能有幸福，否则唇亡齿寒。

"任何事故都是可以避免的。对生命和健康的无谓毁坏是一种道义上的罪恶，对可预防的事故不采取必要的预防措施，负有道义上的责任，采用先进技术手段与加强管理，有效地预防和减少事故是义不容辞的责任。"这就是安全管理的理念。

"隐患险于明火，防范胜于救灾，责任重于泰山"，安全工作任重而道远，必须充分认识到安全生产的重要性、长期性、艰巨性和复杂性，居安思危，警钟长鸣。

2015 年 4 月 21 日 6 时左右，扬子石化公司烯烃厂乙二醇车间 T-430 塔再沸器的封头法兰处出现泄漏，出现明火，随即再沸器与上管箱法兰接口处发生闪燃，T-430 塔内发生爆炸，塔中部炸裂解体，上部坠落。事故造成现场 1 名技术人员轻度受伤，T-430 精馏塔中部解体，装置附近部分建构筑物受损。

造成事故发生的直接原因是，T-430 塔内环氧乙烷发生水解、聚合、裂解链反应，大量放热，导致塔内化学爆炸。同时，再沸器燃烧对 T-430 爆炸起到了促进作用。

同时，安全生产职责履行和应急培训不到位，企业安全生产主体责任落实不到位。扬子石化公司安全生产管理不严格，对所属单位落实安全生产责任制督促检查不力，安全生产规章制度和操作规程执行不认真，风险管理、过程安全管理、化工安全仪表管理等工作要求落实不到位，隐患排查不彻底，作业人员存在"三违"现象，也是事故发生的原因之一。

从这起事故中学习什么：

安全管理，人起决定因素。不论是安全工作的管理者，还是安全生产的参与者或是安全管理的监督者，三位一体，缺一不可，少了哪一环，安全都不能闭环。作为管理者，要抓制度、抓教育，建立健全企业安全生产管理规章制度，这是保障安全生产的根本。作为参与者，"上了场就要守规则。"否则，轻则"吹哨"，重则"亮黄牌"，再不重视就"红牌罚出场"。作为监督者，要铁面无私、公正执法。

说安全，道安全，再好的机制也要靠人才能得以实现安全。在安全生产的每一个环节，人人都有自己应当肩负起的责任，只有每个人堵住自己的安全小漏洞，才能保证企业安全生产不溃堤。

从事故防范措施看：

需要进一步强化安全生产主体责任意识。要深刻吸取事故教训，认真贯彻落实党中央、国务院领导同志关于安全生产工作的一系列重要指示批示精神，坚持安全发展理念，坚守安全"红线"，进一步增强忧患意识和责任意识，按照"五落实、五到位"的要求，建立健全企业安全生产责任体系，以更加坚决、有效的手段和更加严格、细致的措施，加强安全生产管理基础工作，全面抓好安全管理、防范、监督、检查措施的落实，树立"零伤亡、零事故、零容忍"的安全生产目标，坚决遏制事故多发态势。

需要扎实开展全面的安全大检查，彻底消除事故隐患。要针对事故暴露的问题举一反三，制订全面的安全检查和隐患排查方案，组织开展从公司管理层到所有分厂、车间、班组、岗位，覆盖安全生产各环节、各部位的全面排查，深入查找剖析在安全管理、机制制度、风险管控、工艺设备上存在的问题和生产运行中的不安全因素，制订具体的整改措施，认真组织整改。要以此次事故为契机，切实将企业各项安全生产措施进一步落到实处，杜绝类似事故再次发生。

需要严格风险管控，确保企业安全生产措施落实。要认真贯彻落实国家有关安全生产的法规、政策和工作要求，建立健全企业安全风险管控和隐患排查治理体系，在全面风险评估的基础上，进一步修订完善公司内部各分厂、车间、装置的安全操作规程。要制订实施方案，对公司所有涉及"两重点一重大"的生产装置和重点储罐，采用危险与可操作性分析等方法，对工艺系统的本质安全性及可能存在的风险，控制风险的技术、措施及其失效可能引起的后果等进行风险分析，进一步修订完善应急处置方案，提高应急处置能力，避免因处置不当造成事故。

需要加强化工安全仪表管理，提升装置本质安全水平。要对照《石油化工安全仪表系统设计规范》（GB/T 50770—2013）等国家相关标准规范，按照国家安监总局《关于加强化工安全仪表系统管理的指导意见》，完善企业安全仪表系统管理制度，规范化工安全仪表系统的设计、操作和维护管理，保证安全仪表系统正常有效运行。要进一步加大安全投入，加快安全仪表系统的升级改造，在役装置安全仪表系统不满足功能安全要求的，要列入整改计划限期整改，努力消除潜在的事故隐患。

需要强化员工安全生产培训教育，切实提高培训实效。要进一步健全完善企业安全生产培训制度体系，开展全方位、立体化的安全生产教育培训，使岗位职工熟练掌握本岗位操作规程、危险因素和控制措施，全面掌握对异常工况的识别判定和应急处置方法，提高岗位风险意识和操作技能。要强化各级管理者和全体员工的责任意识和安全意识，自觉遵守企业安全管理规定和操作规程，加强现场安全检查和班组、岗位安全巡查，严防"三违"行为发生。

4 搞清楚"安全为了谁" »»

"可以发现的问题就可以得到控制和管理。任何工业事故都是可以避免的。"这是全球最大的工业企业——美国杜邦公司广为人知的一句口号。这个以制造黑火药起家的公司，有若干家拥有 2000 名员工的工厂，在过去的 10 多年中，没有出现过一起工伤事故。美国杜邦公司称："员工在工作时要比他们在家里还安全 10 倍。"尽管安全的代价是无法用金钱来衡量的，但如果将这些安全记录转换成有形的资本，它每年在这一项上节省的金额高达 10 亿美元。杜邦公司之所以能取得这样的成绩，最重要的原因是他们长期注重对员工安全意识的培养。

安全意愿是安全意识的前提和基础，中外莫不如此。

企业的安全管理要从员工的安全意愿入手，用意愿强化意识，用意识保证安全。

那么，如何培养员工的安全意愿就成了问题的核心。

人的安全素质分为三个层次：安全知识是基本层次，安全意识是深层次，安全意愿是核心层次。要让员工形成强烈的安全意愿，企业管理者就需要从情感角度入手，有了情感依托，才会有态度的转变，搞清楚"安全为了谁"，是解决安全问题的一把金钥匙。

第一，员工知道"安全为了谁"，才能从"要我安全"变成"我要安全"。很多企业和单位，安全制度没少定，安全教育没少做，安全管理没少抓，为什么实施不下去，执行力不强？究其原因，员工觉得这些都是外界强加给自己的，只是被动地接受安全防范的知识和意识，正所谓是"要我安全"。

明白"安全为了谁"，员工才能理解管理层的良苦用心，才会清楚为什么要那样做。一个个安全制度，才会被当成是有效的保护；一次次安全教育，才会被当成是善意的提醒。安全教育才能入脑入心，安全意识才能深处扎根，正所谓是"我要安全"。

第二，员工知道"安全为了谁"，才能警钟长鸣，紧绷安全弦。现实生活中，很多人不是没有一点安全意识，而是不能长期保持安全意识，很多事故往往就发生在一时的疏忽上。究其原因是，要么就不觉得安全重要，要么长时间的生产安全出现"安全意识疲劳"。

明白"安全为了谁"，人们就不会忽视安全的重要。明白"安全为了谁"，员工才可以战胜单调、枯燥和紧张，消除麻痹等意识，克服"安全意识疲劳"，保持安全警惕性。

2018 年 8 月 2 日，某油田工程建设公司外雇人员在污水注水变电站的污水岗对一座 $500m^3$ 缓冲罐进行罐顶围栏焊接时，发生爆炸事故，造成 2 人死亡、2 人受伤。

造成事故的直接原因是，作业人员在缓冲罐顶更换护栏作业时，电焊产生的火花或高热引爆罐内上部空间的油气混合物，造成缓冲罐爆炸和罐内原油着火；爆炸使罐顶板整体掀起抛落地面，4 名作业人员从罐顶坠落。

在管理方面，施工项目管理不到位。该公司没有根据生产实际，合理编制施工进度网络图，基建部门对项目的开工和进度掌握不清。项目管理人员未组织属地人员到现场对施工单位进行交底，没有对施工作业风险开展识别和风险告知，施工作业前未落实施工方案和作业许可证要求的停产、排空、置换、吹扫等措施。同时，作业现场安全监管缺失。项目执行经理李某和技术员赵某作为现场动火作业监护人，事故发生时，未在现场进行动火监护，未正确履行监护责任。

从这起事故中学习什么：

每起事故，不时刺激着人们紧绷着的安全生产之弦。溯本求源，发生这些事故的关键还是人。因为，合法企业一般都具备基本安全设施，于是人的安全素质就成了决定性因素。其浅层次是员工掌握基本安全知识，知道如何操作，不至于稀里糊涂受害；深层次是员工具备安全意识，知道如何防范，能避免不请自来的事故；核心层次是员工形成强烈安全意愿，知道主动追求，创新安全生产工作。要形成强烈安全意愿必须让员工彻底搞清"安全为了谁"。

从事故防范措施看：

需要严格坚守"四条红线"。围绕"四条红线"的总体要求，强化落实关键风险领域直线部门、属地管理的安全生产责任，全面梳理工程技术、工程建设、设备检维修及高风险作业等业务领域管控过程薄弱环节，完善管理制度、操作规程，强化风险辨识，坐实防范措施。建立全员岗位安全生产责任清单，规范并细化各级领导班子和各类管理岗位的安全生产责任，构建完善以安全风险管控为核心，明职知责、履职尽责、失职追责的全员安全生产责任体系，确保岗位安全生产责任制可落实、可执行、可考核、可追溯，形成安全管理层层负责、人人有责、各负其责、履职尽责的工作格局。

需要强化承包商管理。建设方进一步完善承包商准入评估、审查制度和细则，明确部门分工和监督责任，严格执行项目承包商入厂施工作业安全许可制度；结合岗位实际和施工作业现场安全风险，对入厂施工管理人员、属地施工代表、施工作业人员进行全员培训，并逐人发放施工作业人员入场证件。总承包商严格分包商、承包商管理，依法选用合格、业绩优秀的队伍。杜绝使用未签订分包合同、用工合同或协议的队伍、人员。对每名进入施工现场的人员，发放带有照片、姓名、工种、单位名称的胸卡，严格入场人员管理。强化过程监管，对违规分包商、承包商实施"黑名单"制度。

需要强化高风险、非常规作业管理。一是建立完善高风险、非常规作业预约制度。二是严格落实高风险、非常规作业许可管理规定，建设方、施工方作业前必须对施工设计、施工方案、施工组织等进行现场确认。三是严格施工过程现场监管，建设方和施工方都必须派驻小队级以上干部，盯在现场，监督监护施工全过程。高风险作业前，必须认真开展风险分析及危害识别，明晰介质危害特性，细化安全技术交底，确保危害因素辨识清晰、全面，尤其要进行有毒有害、易燃易爆气体及氧气浓度等气体检测，确保各项风险防控和保障措施落实到位，作业过程监督监护到位。

需要强化施工项目作业现场监管。建设方强化现场技术交底及施工作业过程检查。施工方各级 HSE 监督站采取派驻、巡回检查和抽查等方式开展现场监督检查，对动火、受限空间等高风险作业实施旁站监督。项目实施过程中，项目负责人、技术负责人、HSE 监督员按照责任分工，必须对两书一表执行、阶段性安全教育、作业前安全分析、高危作业等关键环节进行监督、监护，确保作业受控。

需要完善施工项目组织管理。建设方在项目施工进度计划编制前，科学合理编排施工计划。开工报告办理完成后，建设单位项目经理 7 日内组织属地、施工、监理及相关部门进行现场风险识别，施工单位与属地单位进行界面交接。项目开工前，必须按建设方程序要求办理相关手续，严格执行安全生产启动审批制度、计划统计制度，确保直线部门及时获取开工信息，对方案编制、风险识别、安全交底等环节严格把关，严禁审批手续不全的项目开工。针对施工项目中存在的高风险作业，必须由项目经理组织技术、生产、安全相关人员，明确存在的高风险作业部位和类别，单独编制专项施工方案，逐级进行上报，并在作业前进行现场确认。施工过程严格执行"十必须""十不作业"规定，尤其对储罐作业，严格现场"隔离、通风、清罐、封堵、临电、检测"十二字作业法的有效执行。

需要强化属地责任落实。切实加强直线部门、属地监管责任的履行，尤其加强油气站库等生产区域的管理，严格外来人员和施工队伍的出入登记、安全教育和风险提示及入场证审验。着重加强施工作业过程风险管控，对存在未按规定佩戴劳动防护用品和用具、未持有效证件从事特种作业、未按规程操作等 20 种违规违章行为的施工人员，发现后立即清理出场。

需要强化安全生产责任落实。进一步梳理完善业务部门、各级管理人员、操作人员安全生产职责，层层建立安全生产责任清单，明确各岗位的责任人员、责任范围、考核标准、奖惩办法。尤其要加强项目施工组织实施过程中建设方、施工方等关键岗位人员履职能力落实情况的监督和考评，把责任落实不到位作为重大隐患并严肃追责，确保施工项目过程受控。

■5 坏习惯只能害人害己 　》》

　　有这样一个故事，从前有一个小和尚出家后，开始学剃头。老和尚先让他在冬瓜上练习，小和尚每次练习完剃头后，将剃刀随手插在冬瓜上。后来在给老和尚剃头时，也将剃刀随手插在了老和尚的头上。

　　这个故事告诉人们，习惯性的坏行为危害很大。在实际工作中有很多的事故都与习惯性的坏行为有关，这种行为我们在工作中称之为"习惯性违章"。而习惯性违章发生的主要原因就是行为人的安全思想认识不深，存在侥幸心理，错误地认为习惯性违章不算违章，殊不知这种细小的违章行为却埋下了安全事故发生的苗头，成为灾难发生的根源。美国学者海因星曾经对55万起各种工伤事故进行过分析，其中80%是由于习惯性违章所致。

　　在生产操作中，好习惯将使人们的工作更安全，坏习惯只能害人害己，因此每个人都必须养成一个良好的安全生产习惯，万万不能违章行事，尤其不能养成习惯性违章。只有大家从自身做起，将麻痹赶出大家的思想，将习惯性违章赶出工作，让严守规程、遵章守纪的思想和行为深深根植在心中手中，相信与事故无缘，企业安全的天空会是一片明朗。

　　2015年7月16日7时39分，山东石大科技石化有限公司（以下简称"石大科技公司"）液化烃球罐在倒罐作业时发生泄漏着火，引起爆炸，在事故救援过程中造成 2 名消防队员受轻伤，直接经济损失 2812 万元。

造成事故的直接原因是石大科技公司在进行倒罐作业过程中，违规采取注水倒罐置换的方法，且在切水过程中现场无人值守，致使液化石油气在水排完后从排水口泄出，泄漏过程中产生的静电放电或消防水带剧烈舞动使金属接口、捆绑铁丝与设备或管道撞击产生火花引起爆燃。违规倒罐、无人监守是导致本次事故发生的直接原因。

由于厂区没有仪表风，气动阀临时改为手动操作并关闭了 6# 罐的根部手阀，事故发生后储罐周边火势较大，不能进入现场打开根部手阀、紧急切断阀和注水线气动阀，无法通过向 6# 罐注水的方式阻止液化石油气继续排出；罐顶安全阀前后手动阀关闭，瓦斯放空线总管在液化烃罐区界区处加盲板隔离，无法通过火炬系统对液化石油气进行安全泄放。重要安全防范措施无法正常使用，是导致本次事故后果扩大的主要原因。

从这起事故中学习什么：

"三违"行为占事故原因的 90% 以上，历来是安全的大敌。传统的填鸭式、课本式、课堂式安全教育，效果甚微。我们需要系统地、成体系地推进，以安全文化作引领，使安全生产观、道德价值观、人文亲情观能进企业、进家庭、进人心，营造人人督安全、事事查安全、家家保安全的氛围，确保"三违"现象直线下降。

从事故防范措施看：

需要牢固树立安全发展理念。要深刻吸取事故教训，认真贯彻落实习近平总书记、李克强总理等党中央领导同志关于安全生产工作的一系列重要指示精神，牢固树立科学发展、安全发展理念，始终坚守"发展决不能以牺牲人的生命为代价"这条红线，进一步落实地方属地政府监管责任和企业主体责任。要研究制订相应的政策措施，切实加强安全监管力量，强化化工和危险化学品企业安全监管。要提高事故预防能力，进一步创新方式方法，扎实开展执法检查，彻底排查治理隐患。

危险化学品企业要按照"五落实五到位"要求，进一步明确和细化企业的安全生产主体责任，建立健全"横向到边、纵向到底"安全生产责任体系，切实把安全生产责任落实到生产经营的每个环节、每个岗位和每名员工。各级政府及其安全监管、行业主管部门要引导和督促企业牢固树立"以人为本、安全发展"理念，切实督促企业自觉遵守安全生产法律法规和标准规范，全面加强安全生产管理。要不断强化安全监管措施，综合运用法律、经济和必要的行政手段，进一步推动企业落实安全生产主体责任，不断增强安全生产保障能力。

切实加强液化烃罐区的安全管理。各危险化学品企业要认真贯彻落实《化工（危险化学品）企业保障生产安全十条规定》（国家安监总局令第 64 号）和《油气罐区防火防爆十条禁令》（国家安监总局令第 84 号），全面加强液化烃罐区安全管理工作。一是高度重视液化烃罐区安全生产工作，强化管理人员、技术人员和操作人员的配置，加强培训，提高罐区从业人员的能力。二是液化烃罐区作业应实行"双人操作"，一人作业、一人监护。除常规的工艺操作和巡检外，凡进入罐区进行的一切作业活动，必须进行风险分析，办理工作许可手续，安排专人全程进行安全监护。三是严禁采用注水加压方式对液化烃进行倒罐置换作业。倒罐作业应采取氮气置换、机泵倒罐工艺。倒入空罐必须事先采用氮气置换，并经氧含量分析合格后方可倒入。四是液化烃球罐切水作业必须坚持"阀开不离人"，做到"三不切水"，即夜间不切水，大雾天不切水，雷、暴雨天不切水。五是石油化工企业在生产装置停工期间，必须保证液化烃罐区安全运行所需要的仪表风、氮气、蒸汽等公用工程的稳定供应，相关安全设施必须完好、有效。对于盛有物料的装置罐区中的作业要升级管理，建立逐级审批制度。

进一步加强变更管理和特种设备安全管理工作。危险化学品企业要制定落实变更管理制度，严格变更管理。当工艺、设备、设施需要发生变更时，要严格履行变更程序，编制变更方案，明确相关责任，组织进行风险分析，制订应急处置方案，并按照要求严格审批。变更实施时，必须进行专门的安全教育培训。要明确变更原因及变更前后的情况对比，告知工作人员工作场所或岗位存在的危险因素、防范措施及事故应急措施。

要严格按照《中华人民共和国特种设备安全法》的规定，加强对压力容器、压力管道等特种设备的日常安全管理，定期进行检测检验，严禁违规使用压力容器、压力管道。安全阀、压力表等安全附件不得采用加盲板、关阀门等方式与压力容器、压力管道隔断，确保其发挥正常功能。特种设备操作人员必须经过专门的安全生产教育培训，并经考核合格、持证上岗。严格遵守操作规程和规章制度，严禁无证人员操作压力容器、压力管道。

6 学习事故不是听故事 »

在一些安全事故案例反思会上，部分员工只停留于对事故经过的了解，对事故的原因、该吸取的教训不能深思警醒，沉痛的"事故"仿佛变成了轻松的"故事"，使"事故"案例学习变成了"故事"闲聊。

事故不是故事，为了更加有效地保证生产安全，许多单位和部门都以组织员工认真学习事故通报的方式教育员工吸取教训，举一反三，防止员工在工作中发生类似的事故，避免重蹈覆辙。

"事故"与"故事"是截然不同的两个概念。它们最大的差别莫过于事故关系生命、关系国家和集体的财产安全，而故事仅仅是人们茶余饭后的谈资而已。对事故通报的学习重视不重视，怎样听很重要。如果只关注事故的经过，并没有认真剖析原因，没有根据自己的实际情况做一番对照，结果只听了个热闹，没能吸取他人的教训。能不能认真地接受他人的教训，反映了一个人、一个单位是否真正重视安全工作。能从别人的失误、事故中找教训，对照自己的情况找差距，查到隐患认真加强防范，结合实际工作抓落实的人，才是真正的聪明人。

安全教育最行之有效的方法就是触动其痛处，使那些麻木不仁的员工时刻保持着清醒的头脑，绷紧安全这根弦，把事故及时消灭在萌芽状态。事故案例教育重在入脑入心，像剥茧抽丝一样深入剖析事故的原因和危害，帮助职工算清违章违纪的经济账、荣辱账，触动员工的心弦，让员工对别人的伤疤自己也能感到痛，从而增强"我要安全"的内在动力，自觉立足岗位保安全。

2015 年 8 月 31 日 23 时 18 分，山东滨源化学有限公司（以下简称"滨源公司"）新建年产 $2 \times 10^4 t$ 改性型胶粘新材料联产项目二胺车间混二硝基苯装置在投料试车过程中发生重大爆炸事故，造成 13 人死亡，25 人受伤，直接经济损失 4326 万元。

事故造成硝化装置殉爆，框架厂房彻底损毁，爆炸中心形成南北 14.5m、东西 18m、深 3.2m 的椭圆状锥形大坑。爆炸造成北侧苯二胺加氢装置倒塌；南侧甲类罐区带料苯储罐（苯罐内存量 582.9t，约 $670m^3$，占总容积的 70.5%）爆炸破裂，苯、混二硝基苯空罐倾倒变形。爆炸后产生的冲击波，造成周边建构筑物的玻璃受到不同程度损坏。

造成事故的直接原因是，车间负责人违章指挥，安排操作人员违规向地面排放硝化再分离器内含有混二硝基苯的物料，混二硝基苯在硫酸、硝酸及硝酸分解出的二氧化氮等强氧化剂存在的条件下，自高处排向一楼水泥地面，在冲击力作用下起火燃烧，火焰炙烤附近的硝化机、预洗机等设备，使其中含有二硝基苯的物料温度升高，引发爆炸，是造成本次事故发生的直接原因。

从这起事故中学习什么：

每个故事都是由许多事故隐患"孕育"衍生而来，要消除事故，就要着力排查、消除所有事故隐患，就要坚决铲除滋生事故的所有隐患土壤，从而实现安全管理的终极目标——本质安全。这起事故的违章指挥，就是一个鲜明的特征，事故发生了不能够挽回，如果事故中的当事人能养成良好的习惯，工作前能把准备的工作都做好，就不会发生这样的事故。

从事故防范措施看：

进一步强化安全生产红线意识。牢固树立科学发展、安全发展理念，始终坚守"发展决不能以牺牲人的生命为代价"这条红线，建立健全"党政同责、一岗双责、齐抓共管"的安全生产责任体系，坚持"管行业必须管安全、管业务必须管安全、管生产经营必须管安全"的原则，推动实现责任体系"五级五覆盖"，进一步落实地方属地管理责任和企业主体责任。要针对本地区化工行业快速发展的实际，实施安全发展战略，把安全生产与转方式、调结构、促发展紧密结合起来，从根本上提高安全发展水平。要研究制订相应的政策措施，增强安全监管力量，加强剧毒、易致毒、易致爆等危险化学品安全管理，强化生产、购买、销售、运输、储存、使用等环节的管控，切实防范危险化学品事故发生。

进一步加强危险化学品建设项目的安全管理。严把立项审批、初步设计、施工建设、试生产（运行）和竣工验收等关口，及时纠正和查处各类违法违规建设行为；建立完善公开曝光、挂牌督办、处分与行政处罚、刑事责任追究相结合的责任监督体系，对不按规定履行安全批准和项目审批、核准或备案手续擅自开工建设的，发现一处，查处一起，并依法追究有关单位和人员的责任。强化建设项目试生产环节的安全管理。督促新建危险化学品企业认真落实《山东省化工装置安全试车工作规范》和《山东省化工装置安全试车十个严禁》提出的各项措施要求。要将危险化学品企业试生产环节作为化工企业安全监管重点，建立和落实跟踪督查制度。

进一步严格从业人员的准入条件。严格操作人员的招录条件，涉及"两重点一重大"（重点监管危险化工工艺、重点监管危险化学品和重大危险源）的企业，应招录具有高中（中专）以上文化程度的操作人员、大专以上的专业管理人员，确保从业人员的基本素质，逐步实现从化工安全相关专业毕业生中聘用。要加强化工安全从业人员在职培训，提高在职人员的专业知识、操作技能、安全管理等素质能力。要强化新就业人员化工及化工安全知识培训。对关键岗位人员要进行安全技能培训和相关模拟训练，保证从业人员具备必要的安全生产知识和岗位安全操作技能，切实增强应急处置能力。

进一步加强化工企业安全生产基础工作。化工企业要认真落实《化工（危险化学品）企业保障生产安全十条规定》（国家安监总局令第64号），严禁违章指挥和强令他人冒险作业，严禁违章作业、违反劳动纪律。要按照《国家安全监管总局关于加强化工过程安全管理的指导意见》（安监总管三〔2013〕88号）和有关标准规范，装备自动控制系统，对重要工艺参数进行实时监控预警，采用在线安全监控、自动检测或人工分析数据等手段，及时判断发生异常工况的根源，评

估可能产生的后果，制订安全处置方案，避免因处理不当造成
事故。

■■ 学习启思 »

　　监测与预警阶段包括五方面内容：一是建立科学有效的监测制度；二是配齐监测设备、设施及监测人员；三是完善监测网络，划分监测区域，确定监测点，明确监测项目；四是建立健全基础信息数据库；五是建立预警机制，明确应急预案的启动级别、启动权限。

　　扁鹊的故事，给了人们一个很好的启示。扁鹊晋见蔡桓公，在桓公面前站着看了一会儿，扁鹊说："您有小病在皮肤的纹理中，不医治恐怕要加重。"桓公说："我没有病。"扁鹊退下以后，桓公说："医生喜欢给没有病的人治病，以此显示自己的本领。"过了十天，扁鹊又晋见桓公，说："您的病在肌肉和皮肤里面了，不及时医治将要更加严重。"桓公不回应。扁鹊退下后，桓公不高兴。又过了十天，扁鹊又晋见桓公，说："您的病在肠胃里了，不及时治疗将要更加严重。"桓公又不回应。扁鹊退下后，桓公又不高兴。又过了十天，扁鹊远远望见桓公转身就跑。桓公特意派人问扁鹊为什么转身就跑，扁鹊说："小病在皮肤的纹理中，是汤熨的力量能达到的部位；病在肌肉和皮肤里面，是针灸的力量能达到的部位；病在肠胃里，是火齐汤的力量能达到的部位；病在骨髓里，那是司命神所管辖的部位，医药已经没有办法了。现在病在骨髓里面，我因此不再请求给

他治病了。"又过了五天，桓公身体疼痛，派人寻找扁鹊，扁鹊已经逃到秦国了。蔡桓公就病死了。

很多问题在出现苗头时就被发现，成本是比较低的。还有一个关于扁鹊的典故。扁鹊三兄弟从医，魏文王问扁鹊说："你们家兄弟三人，都精于医术，到底哪一位最好呢？"扁鹊答说："长兄最好，中兄次之，我最差。"文王再问："那么，为什么你最出名呢？"扁鹊答说："我长兄治病，是治病于病情发作之前。由于一般人不知道他事先能铲除病因，所以他的名气无法传出去，只有我们家的人才知道。我中兄治病，是治病于病情初起之时。一般人以为他只能治轻微的小病，所以他的名气只及于本乡里。而我扁鹊治病，是治病于病情严重之时。一般人都看到我在经脉上穿针管来放血、在皮肤上敷药等，所以以为我的医术高明，名气因此响遍全国。"文王说："你说得好极了。"

"安而不忘危，治而不忘乱。"安全生产，重在预防；预防的关键，在于责任心。如何预防"人祸"的发生？如何减少"天灾"的损失？这是每次事故发生后人们的追问。在工业安全领域，有一个著名的海恩法则：每一起严重事故的背后，必然有 29 起轻微事故和 300 起未遂先兆以及 1000 起事故隐患。这条法则有两大启示：一是事故的发生是量的积累的结果；二是再好的技术，再完美的规章，在实际操作层面，也无法取代人自身的素质和责任心。工业安全如此，公共安全何尝不是呢？

■ 学习延展 »»

关于忧患意识，比尔·盖茨有一句名言："微软离破产永远只有十八个月。"哪怕是世界五百强企业，面临的危机也是很多的。"忧患"一词产生于中国，属于儒家思想，最早是春秋战国时期一些儒学思想家提出的，区别于悲观失望，是人们担忧事物的发展进程或发展结果可能背离自己的理想目标的一种思想意识，是一种积极的思想。"忧"是动词，"患"是名词，是担忧有可能出现的问题，然后把忧患变成意识。清朝时一些学者就提出了忧国忧民的忧患意识。

增强忧患意识是企业生存的一个基本要求，很多企业可能仅仅因为一笔生意，因为一件小事就造成了严重亏损，甚至是倒闭、破产。所以，要将忧患意识贯穿于企业管理全过程。

美国莱克锡肯传播公司总裁史蒂文·芬克说过："危机的出现是任何一个公司都无法避免的。80%的《财富》五百强企业的CEO认为，现代企业面对的危机，就如同人面对死亡一样，几乎是不可避免的事。"这是通过对《财富》五百强企业CEO进行问卷调查得出的结果，大家认为现代企业面对危机是必然的，没有一个企业不会面对危机，就像人早晚要死亡一样。

波士顿咨询公司全球董事会主席卡尔·斯特恩有一个总结："1978年《福布斯》以公司市值为基准进行全美100强排名。在当年的100家企业中，38家已经不复存在——3家破产、35

家被收购。在幸存企业中，有 30 家已无力问津《福布斯》2003 年全美 100 强榜单。25 年间，68% 的昔日赢家被淘汰出局。"

在当今经济快速发展、信息快速发展的时代背景下，企业倒闭、破产的速度也随之加快。在运动场上有句话："运动场上没有永远的冠军，各领风骚三五年"，刘翔也好，王楠也罢，不可能永远是冠军。一个企业也不可能永远排在前一百名，没有显性的冠军，只有隐性的冠军，一个企业也不可能永远站在前面，企业也没有永远的冠军，这就是当前我们所面临的形势。

所以，企业要时刻拥有危机意识，下面就重点从企业的角度，讲一下危机管理。

韦氏大字典之定义（Webster's definition）认为："危机是事件转机与恶化间的转折点"（turning point of better or worse）。从上述的解释来看，危机是一种变化的转折点，这个转折点可能有两个方面的结果，通常说的危机都是向坏的、偏离自己所确定目标的方向发展。这种危机在未来会产生一种变化，这种变化可能产生一种不稳定的状态，或者对一个组织产生严峻的考验。

危机（Crisis）一词来源于希腊语，原意是决策，从本意上来说，危机就是一个组织的决策者们必须在信息不充分、反应时间不宽裕、资源缺乏的情况下做出一个或多个关键性的决策。所以，从词典上来说危机是一个转折点，从根源上来说危机是一个决策。决策有三个约束条件：信息不充分、时间不充分、资源缺乏，在这三个条件下做决策，这就是危机的原意。

奥陀·罗宾革（Otto Lerbinger）认为："危机是对企业的

未来获利性、成长性和生存发生潜在威胁的事件。"危机是转折点，是决策，是对企业获利性、成长性和生存发生潜在威胁的事件。

美国学者罗森塔尔（u.rosenthal）将"危机"定义为："对一个社会系统的基本价值和行为准则架构产生严重威胁，并且在时间压力和不确定性极高的情况下，必须对其做出关键决策的事件。"将决策和事件放到一起，也是一个事件，要对这个事件做出决策，但是不确定性很强。

巴顿（Barton）认为："危机是一个会引起潜在负面影响的具有不确定性的大事件，这种事件及其后果可能对组织及其员工、产品、服务、资产和声誉造成巨大的损害。"

第二章 强化责任落实不放松

安全是一种行为，所有员工必须对自己的行为负责。强化责任落实不放松，把明责知责作为推动责任落实的首要前提，把各负其责作为推动责任落实的重要抓手，把失职追责作为推动责任落实的必要保障。积极负责，把安全责任落实到每一个行为中去。

1　安全靠什么？安全靠责任

2　杜绝违章从责任做起

3　杜绝错误的安全观念

4　谁是安全管理的最大受益者

5　在事故中认真探究问题

6　在事故中挖掘资源价值

学习启思

学习延展

1 安全靠什么？安全靠责任 »

安全靠什么？安全靠责任。这种责任似千斤重担压在人们身上，压得人们有时喘不过气来。然而，负责是每个人应有的品质，在日常工作中，在上班的每时每刻里，安全隐患随时都像凶残的野兽张着血盆大口，盯着人们脆弱的肉体、麻痹的神经。只有把安全责任落实到每一个行为中去，踏踏实实做人做事，强化安全意识，安全才不会妥协。企业要生存，安全是底线，安全就是生命，安全就是效益。生命只有一次，永远不会重来，安全行为习惯是安全工作的起点。

积极负责，把安全责任落实到每一个行为中去。思想是行为的先导，决定行为的过程和结果。仅有员工较好的安全意识还不够，各级安全管理人员的思想、责任更为重要。在日常工作中"没有必要"的思想非常突出，各种会议的管理要求在"没有必要"的思想中得不到落实。其次是加强周查力度。将周查中存在的问题公示在班组宣传栏中，这既是对员工的一种约束，也是要让安全管理人员有一种动力和担当。同时，相关责任人员对每月要完成的工作进行签字确认。

加强定置管理，促进员工安全文明行为的养成。众所周知，定置管理是安全管理的一项最为重要的基础工作之一。应该让车间定置管理工作从开始的被动接受到后来的主动去做，形成一种习惯，比如人人都必须打扫卫生。但如果长期不进行督查，也会向不好的方向发展，所以，必须加大督促检查的力度，保持高压态势。班组长、技安员、车间领导加大查处力度，按照制度去工作，通过严格管理，让员工做到严肃执行，严格自律。同时，坚持齐抓共管，严格落实规定，形成人人自觉遵守整理、整顿、清扫、清洁等的行为规范，形成按程序操作和进行安全确认的良好习惯，促进员工安全文明行为的养成。

立足本职工作，加强安全痕迹管理，提高办事效率。安全是做出来的，永远不是吹出来的。平时的安全工作做没做、有没有落实，记录痕迹就是最好的证明。"痕迹"印证着工作成效，它既是安全标准化管理的要求，也是安全的"护身符"。实行"痕迹管理"，有利于加强对安全管理人员的跟踪，有利于下一步工作的开展，有利于上级领导检查指导工作，有利于加强管理人员的责任感，提高办事效率。然而，"记录"也有一个习惯养成的过程。

生产中存在的安全隐患是以现实的形态存在的，看得见摸得着，只要认真去查找，任何隐患都是可以发现并及时进行整改的；而思想上的安全隐患却是以无形的方式存在，看不见摸不着，具有很大的隐蔽性。这给安全生产埋下"祸根"，也就要求做好员工长期思想意识教育。在以往事故案例中，事故大部分出在工作年限较短和年轻员工当中，所以严格技能培训可以促进生产安全。一方面，越是严格培训质量越高，安全工作就越有保障；另一方面，牢固树立技能培训理念，全面落实防范安全问题的各项措施，预防事故的发生。一手抓技能训练，一手抓安全，才能夯实安全行为基础。

2017年2月17日8时50分，位于吉林省松原市石油化学工业循环经济园区的吉林省松原石油化工股份有限公司江南项目发生爆炸事故，造成3人死亡，40×10^4t/a汽油改质——20×10^4t/a柴油改质联合装置改造项目酸性水汽提装置原料水罐（V102）爆炸受损，直接经济损失约590万元。

造成事故的直接原因是，作业人员在安装原料水罐V102远传液位计动火作业中，引爆罐内可燃气体，发生爆炸。加氢车间管理混乱，职责不清，安全制度不落实；检修车间未落实动火作业管理职责，管理部门职责不清。

从这起事故中学习什么：

安全，一个永恒的主题。"注意安全！"是亲人叮咛的话语，是师傅对徒弟的教诲，是领导对职工的要求，是珍爱生命的良言。安全是孩子的期盼，是爱人的心愿，是父母的牵挂……安全靠什么？安全靠责任心。无论是安全生产管理人员还是生产一线工人，都承担着保护自身生命安全和集体财产安全的重担，都要为企业的顺利发展尽心尽力，这就需要高度的责任感和使命感，责任心是安全之魂。

从事故防范措施看：

严格落实企业安全生产主体责任。一是针对企业试生产过程中管理混乱现象，企业要深刻吸取事故教训，有效应对员工思想不稳定、新员工增多及新工艺、新设备诸多因素，精心组织安排，在试生产、复工复产前严密组织生产、技术、设备等部门及安全生产专家全面排查、评估装置开工过程安全风险，加强隐患排查治理闭环管理，构建风险分级管理和隐患排查治理双重预防体系，坚决杜绝急于求成、松懈麻痹思想，按照《化工企业生产装置专项隐患治理导则》，着力解决试生产运行前安全生产突出问题，坚决遏制事故发生；二是要按照安全生产精细化管理要求，严格落实企业"五落实五到位"的安全生产责任体系，切实把安全生产工作要求落实到生产经营的每个环节、每个岗位和每位员工，切实做到安全责任到位、安全投入到位、安全培训到位、安全管理到位、应急救援到位。

针对企业动火等特殊作业安全管理失控现象，企业要提高对动火、进入受限空间等特殊作业过程风险的辨识，严格按照《化学品生产单位特殊作业安全规范》（GB 30871—2014）要求，修订完善本单位《安全用火管理制度》等特殊作业管理制度，特别是等级判定主体责任落实不合理的相关规定。强化风险辨识和管控，严格程序确认和作业许可审批，加强现场监督，确保各项规定执行落实到位。

强化对"三违"现象的管理，严禁违章指挥和违章作业，对有令不行、有禁不止的恶劣行为，要将其当作安全事件或未遂事故进行管理。尤其是特殊作业的安全管理，要层层落实"实名制"管理责任。试生产期间，要选派责任心强、经验丰富的管理和生产技术人员跟班作业，加强风险识别和风险评价管理，使风险受控、可控，避免事故发生。

针对试生产安全管理存在的严重漏洞问题，企业要严格按照《国家安全监管总局 2017 年全国危险化学品安全重点工作部署》和《国家安全监管总局关于进一步严格危险化学品和化工企业安全生产监督管理的通知》（安监总管三〔2014〕46号），深入分析企业安全管理存在的问题与薄弱环节，严格执行请示汇报制度、生产活动交接制度，建立有效管理机制，进一步补充、完善各部门的职责，各级人员严格按照规定履行职责，严格执行各项规章制度。

深刻汲取事故教训，全面排查隐患，牢固树立"安全第一、预防为主"的安全意识。严格执行"六不开车"原则，即：条件不具备不开车，程序不清楚不开车，指挥不在现场不开车，安全卫生设施没投用不开车，出现问题不解决不开车，所有隐患不整改完毕不开车。当安全与恢复生产进度发生矛盾时，必须服从安全第一的原则，做到不出一次违章，不漏任何安全死角。

大力加强教育培训，提高从业人员安全意识和能力。严格执行"三级"安全教育培训制度，主要负责人、安全管理人员、生产管理人员和特种作业人员必须持证上岗。采用新工艺、新技术、新材料、新设备时，必须对从业人员进行专门培训，并经过考试合格，让从业人员了解安全技术特点，掌握安全防护知识。要开展多种形式的教育培训活动，学习有关法律法规、岗位操作规程，开展应急演练，切实增强安全意识，提高操作技能，提升应急处置能力。加强各项管理规定和制度的学习培训，进一步明确各级人员安全职责，建立安全职责监管制度。

针对企业对国家有关安全生产的要求执行落实不到位等突

出问题，要按照《国家安全监管总局关于加强化工过程安全管理的指导意见》（安监总管三〔2013〕88号）等文件要求，进一步严把化工装置试生产安全关。企业要进一步开展"三查四定"，落实吹扫、气密、单机试车、联动试车、装置启动前安全检查和整改确认等工作，消除工程建设阶段存在的问题和隐患，确保装置试生产安全平稳运行；装置引入物料后，要按照生产运行装置进行严格管理，有效控制现场人员数量，有关施工作业必须按照规定进行许可审批，严禁边投料、边施工作业。企业要根据自身作业特点，对生产过程中有可能产生的危险危害因素进行分析，开展事故预想，推行岗位应急处置卡，对可能造成危险危害的，要制订有针对性的、行之有效的事故应急救援预案、专项预案和应急处置方案等，并定期开展各类应急预案的培训和演练，评估预案演练效果。

2 杜绝违章从责任做起 »»

违章是石油石化企业安全生产的大敌，根据国家安监总局网站数据分析显示，90% 以上的事故都是因为违章造成的。人人都知道"三违"必须杜绝，但部分员工存在侥幸心理，造成了心理违章、语言违章和行为违章。还原违章的表现形式，其实有很多种，不论哪一种违章，只要加强"规矩意识、潜意识、习惯意识"等"三种意识"教育，规范员工安全行为，违章是可以预防的。

加强"规矩意识"教育，预防"心理违章"。此"违章"是一切违章之源，也是最难发现、最难处理的一种。它的活动只限于人的心里。没什么外在表现，但它的危害不容忽视。有些时候心里想，以前都没出事，这次也不会"点子低"，在心理上就没有对安全引起足够的重视，最终造成严重的后果。因此，千万不可小看这种"心理违章"。对这类人员必须加强"规矩意识"教育，通过摸清症结，开展心理疏导，并融入情绪管理，切实把"规矩"根植在心，不论干什么事都想着"规矩"，就能及时纠正这一不安全心理，使员工"不想违章"。

加强"潜意识"教育，预防"语言违章"。"语言违章"就是我们常说的"出馊主意"。表面上看是在给你想办法出主意，教你这么干没事，那么干没事，总之，也是为了尽快完成任务，但只要一付诸实施，这一切将变个样，不但工作完不成，而且还有可能造成安全事故，可谓是"祸从口出"。这类人多数是因为侥幸心理造成的，必须进行"潜意识"教育，要创新事故案例的教育形式，扩大安全文化视觉系统，利用多种宣教阵地进行教育，让员工耳濡目染，从中深刻认识违章的危害性，克服侥幸心理，只有牢固树立安全意识，增强辨别安全"是非"的能力，才能管住"口"和"耳"，使员工"不能违章"。

加强"习惯意识"教育，预防"行为违章"。也是我们常规意义上的违章。这种违章表现最直接，而且违章已成习惯，造成的后果也最直接，危害当然也最大。针对这类人，必须用"习惯意识"教育来指导，用刚性的管理制度来规范，用强有力的监督来约束，增强自我防范意识，提高操作技能，严格安全确认，强迫每名员工做好"规定动作"，杜绝"随意动作"，使员工"不敢违章"。

2017 年 4 月 13 日上午 9 时 45 分许，位于茂名市茂名大道高新段乙烯厂区的中国石油化工股份有限公司茂名分公司（以下简称"茂名石化公司"）化工分部橡胶库房西库区突然着火，没有人员伤亡，没有发生水体污染等次生事故，造成约 807t 固体橡胶产品和部分库房设施烧毁，过火面积接近 3600m^2，直接经济损失 743.15 万元。

造成这起事故的直接原因是：化工分部橡胶西库 34# 货位为起火部位，从而引起火灾。经过事故调查组对已收集证据的综合分析，排除了自燃、电气线路故障、遗留火种等引起火灾的因素，而是人为因素造成的。经公安机关侦查查明，劳务派遣员工潘某过失放火是造成"4·13"火灾事故的直接原因。

从这起事故中学习什么：

对于安全生产，仅靠领导说、会议推、集中查、事后治的传统管理方式，必然没有效果，工作也必然会跟着问题跑、围着事故转，会变得越来越被动、越来越无效。人们需要转变理念，创新思维，建立科学、高效、管用的风险管控体系，使防范措施走在事故的前头。

从事故防范措施看：

需要彻底解决超龄人员进厂务工的问题。茂名石化公司要对现有的装卸作业人员进行一次深入的摸底调查，查清超龄务工人员的底数，并会同高新区管委会、七迳镇政府共同研究，拿出切实可行的方案，妥善疏导超龄人员离开装卸作业岗位。

茂化劳务公司、厂前公司要积极配合做好超龄人员的疏导稳控工作，确保超龄人员进厂务工问题得到彻底解决。茂名石化公司要严格门禁管理，对未持有厂区通行证或通行证过期的人员一律不准放行，切实将无关人员拦截在厂外。

需要有关单位切实加强劳务派遣人员的管理，切实加强对承租、承包单位的安全管理工作，严格落实安全管理制度和操作规程，制订严密的安全防范措施。茂名石化公司要进一步完善劳务派遣人员管理的规章制度，加强对劳务派遣人员的日常管理、安全教育培训，不定期对劳务派遣人员执行劳动纪律的情况开展检查，及时纠正、制止违反厂规厂纪的行为。茂化劳务公司要发挥好协调者、中间人的角色，加强与茂名石化公司的联系，了解在该公司务工的装卸作业人员的工作动态，及时将存在的问题向厂前公司反馈，并督促、帮助其落实整改。高新区管委会要配强配齐茂化劳务公司的法定代表人和其他管理人员，确保劳务派遣各项工作有人抓有人管。厂前公司要建立健全公司管理责任体系和劳动纪律、教育培训、奖励惩罚等规章制度，全面加强装卸作业人员的教育管理，确保向茂名石化公司输送合格的装卸作业人员。

需要进一步完善生产安全事故应急处置机制。茂名石化公司要深刻吸取本事故的教训，进一步修订完善本单位的生产安全事故应急预案，将劳务派遣人员纳入应急管理体系，组织他们有序参加本企业组织的各类应急演练，使其掌握与生产作业活动相关的应急处置知识和技能。同时，茂名石化公司要建立完善应急处置工作的评估考核机制，加强对本企业专职消防队伍落实应急救援工作的考核，落实奖惩，确保队伍救援能力能够满足企业生产经营的需要。

3 杜绝错误的安全观念　　»»

　　事故发生是必然的，不发生是偶然的。这种观念认为，企业生产环境复杂，生产工艺多样，生产状态多变，这一切都决定要生产、要开动机器就必然会有事故发生。这是绝对错误的观念。恰恰相反，对于不重视安全的人来说，事故的发生是必然的，但只要我们认真对待安全，不放过任何隐患，找出隐患背后的征兆，揪出征兆后面的苗头，一切事故都是可以预防的，安全成为必然，事故就是偶然。

　　一种错误的观念认为偶尔一次犯规，天不会塌下来。有的人，特别是那些平常不太自律，对自己要求不严的人，总认为偶尔一次犯规没啥，哪有那么巧灾祸恰恰就被我碰上？可有时候事情就是那么巧，从来不犯规的人，偶尔犯了这么一次，就搭进了性命。所以，这种观念也一定要及早抛弃。千万不要认为偶尔一次没什么，不怕一万，就怕万一，有时候一万次违规可能都没事，但偶尔的一次违规偏偏就有事，而且一旦有事往往是不可挽回的，天真的就会塌下来。所以，要改变这种错误的观念，严格律己，绝不犯规，才能更安全。

　　还有一种错误观念认为有工伤保险，事故无所谓。有的员工上班时大大咧咧，根本不在乎冒风险，也改不掉疏忽大意的毛病，因为他们认为这没有关系，不就是受点伤吗？有工伤保险，我怕什么？这真是很可怕的观念。是的，现在基本上大多数人都有工伤保险，但是工伤保险就真的能保你无虞吗？工伤保险保的是出了事故受了伤甚至死亡以后的一点儿补偿，它能保你不出事吗？自己的安全自己管，你自己都不把安全当回事，神仙也保不了你不出事。再说了，即便出事了有工伤保险的补偿，但补偿数额远远小于员工所受的伤害。而且保险能补医药费，难道也能保证你受伤了不痛不难受吗？这痛还得你自己来受吧？如果在事故中死亡，那就更别指望保险了，再多的保险也与你没有任何关系了，命都没有了，还要那些有什么用？所以，只有真真正正遵守各项安全规章制度、安全操作，避免事故的发生，才是每位员工应该做的，也是员工最佳的选择，因为安全是员工最大的福利，健康的身体是从事其他一切事情的基础。

错误的安全观念导致的是错误的行为，错误的行为导致的将是可怕的后果。因此必须摒弃那些会影响我们行为的错误的安全观念，将安全植根于意识之中，让正确的安全观念成为一种习惯，才能真正安全每一天，保得生命安全。

2018 年 8 月 21 日，某油品销售公司一加油站进行防渗改造施工，项目承包施工方拆除油罐后在原有罐池内进行挖掘作业，罐池北侧石质挡墙发生坍塌，将在罐池内清理基坑底板的 3 名作业人员掩埋，造成 2 人死亡、1 人受伤。

造成这起事故的直接原因是，加油站油罐吊出罐池后，施工单位在未办理作业许可证的情况下，指挥挖掘机和作业人员擅自进入基坑进行挖掘作业，将基坑北侧石质挡墙处的泥沙挖空，导致挡墙失去稳定性，发生坍塌，造成基坑内 3 名作业人员被掩埋。

存在的管理漏洞有，某油品销售公司工程主管部门对防渗改造工程施工监督检查不到位，未落实施工现场"双门卫"管理要求。施工现场未建立施工单位和加油站共同参与的"双门卫"入场管理制度，对进出施工现场的人员登记、施工人员实名制管理制度执行不到位。同时对执行工程管理制度不到位，施工安全管理制度落实不到位，对施工现场风险识别不到位，重视程度不够，防范措施不到位，对加油站管理人员培训教育不到位。

从这起事故中学习什么：

安全工作是一个系统工程，只有牢记安全工作无小事，在思想上筑起一道"生命至上，安全为天"的屏障，明确安全是做好一切工作的前提条件和必要条件，将安全之魂、安全之本牢记心中，在实际行动中认真落实各项制度，让隐患无处隐藏，这样才能做到安全生产，降低事故发生率。

从事故防范措施看：

需要思想上提高认识，深刻吸取事故教训。一是开展施工现场隐患大排查。所有施工项目停工自查，全面排查施工方案、人员、机具、现场监督、制度执行方面存在的问题，全部符合要求后才能复工。二是开展事故教训"大反思、大讨论"活动。以安全生产责任制职责落实为抓手，谈体会，提意识，查不足，搞整改，深入挖掘事故中暴露出的管理原因，全面排查梳理各专业安全风险点和关键控制节点，健全各层级责任清单，防止出现责任空白和管理盲区，着力解决抓管理不细、抓落实不严、抓执行不力等问题，严格管控风险。三是召开承包商事故教训专题会议，通过事故分析及防渗改造施工现场检查问题通报，翔实剖析承包商在施工作业过程中存在的问题。

需要管理上从严从细从实，确保制度靠实落地。一是稳妥有序地推进防渗改造工程。二是加强承包商施工现场准入管理。三是抓好施工方案技术交底。四是建立防渗改造管理平台。五是加强全员技能培训，提高能力素质。六是加强安全、工程监管力量。

需要执行上严管重罚，提升监管威慑力。健全完善安全巡查制度，针对各类施工方案中关键风险点进行巡查，着力解决工程管理制度不落实到位的问题。一是加强施工项目监管。二是加强施工现场全过程监管。三是利用信息化手段，实施远程监控。四是加强承包商监管。

需要在处罚上严肃追责，让责任人有切肤之痛。按照"四不放过"原则对相关责任人进行严肃处理，将违规承包商清除出施工和监理入围名单。

■4 谁是安全管理的最大受益者　>>>

很多企业负责人不把自己当作受益者，对安全他们总是"说起来重要，做起来次要，忙起来不要"，把安全部门的位次靠后排，把安全人员的待遇往后放，只要结果不管过程，不一而足。

　　很多企业的员工更不把自己当作安全的受益者，对安全似乎是"事不关己，高高挂起"，图轻松，走捷径，操作风险不考虑，安全规程抛脑后，这样的案例举不胜举。

　　当没有人想到自己是企业安全的受益者的时候，企业的安全管理就成了外来的负担，就会有人管就做，没人管就不做。我们不仅要问员工，你安全了，你自己、你的家人、你的亲朋好友，不就是受益者吗？企业不出事故，企业经济上就不会蒙受损失，企业难道不是受益者吗？所有的企业不出安全事故，人民安居乐业，地方经济稳定，社区、政府不就是受益者吗？

　　所以，我们做安全工作时必须知道，企业安全会让谁受益，谁又是最大的受益者。

　　第一，不可否认，搞好企业的安全工作，企业会受益。

　　很多企业之所以处理不好安全和效益的关系，就在于认不清安全也是效益。不过仅仅从眼前的表象来看，企业的安全工作仿佛仅仅是一份投入，不出事故就永远不知道这笔钱投入得值不值。

　　安全管理中，"影子效益"的概念逐渐为人们所接受。影子效益说的是，只有在出事故之时，你才能知道事故的直接损失、间接损失及商誉影响有多大，这些避免了的损失就是影子效益。事故经济损失占企业成本的比例，世界其他的工业国中最低的为3%，最高的达到8%以上，甚至超过很多行业的平均利润率。英国安全卫生执行委员会（HSE）的研究报告显示，工厂伤害、职业病和非伤害性意外事故所造成的损失，约占英国企业获利的 5% ～ 10%。全美安全理事会（NSC）的一项调查表明：企业在安全管理上每 1 美元的投资，平均可减少 8.5 美元的事故成本。

现实生活中，忽视"影子效益"所造成的教训对一些企业来说，是惨痛的。一场事故可以使一个企业破产。可以说"安全生产是企业的生命"。

第二，应当承认，企业做好安全工作，员工会受益。

"千斤重担众人挑，人人肩上扛指标"，这是一般企业的惯常做法。因为在企业里人员是流动的，承担指标的只能是岗位。经济指标经过层层分解，最后分解到岗位，岗位上的员工就要努力去完成各自的经济指标。安全指标不同于一般的经济指标，它是另外一回事。千人死亡率、千人重伤率，这些企业担负的安全指标分到岗位怎么分？没法分。

千人死亡率、千人重伤率等属于结果指标，安全上还有很多过程指标。按说，岗位上没法分这类结果指标，但可以分解过程控制指标，而一般企业的安全管理还没有进展到这一步，所以，很多岗位员工就觉得肩上没指标，压力轻飘飘。这是员工不觉得自己是安全受益者的一个重要原因。

很多岗位员工忽视了安全的内涵：无危则安，无损则全。做好安全工作，对个人是生命的平安，对企业是财产的保全。财产可以是企业的，生命却是员工自己的。保住安全，也就保住了你的生命健康，你不就是受益者吗？没有谁傻到连自己的生命健康权益都不要吧？所以才有这样的说法："安全培训是员工最大的福利，安全管理是对员工最好的关怀。"

第三，做好企业的安全工作，员工不仅受益，而且是最大的受益者。

搞好企业的安全工作，企业和员工都受益。那么，谁是最大的受益者？

借用事故，可以看出"影子效益"。请设想一下：发生了一起工亡事故造成 1 人死亡，对企业的损失有多大。这也许仅仅是一般事故，连"重大"都说不上，更不要说是"特大"了。而对员工本人的损失，对员工家庭的损失，不仅"重大"，而且绝对是"特大"了。企业失去一个员工，承受经济损失之外，也许会很快找到人来替补你的位置。而对于员工本人、员工家庭，则是永远的失去，永远无法弥补。所以说，员工是企业安全工作的最大受益者。

请大家时刻谨记，安全就是效益，安全就是福利，安全就是幸福，安全就是一切。安全的最大受益者是员工自己！

2014 年 3 月 1 日 14 时 45 分许，位于山西省晋城市泽州县的晋济高速公路山西晋城段岩后隧道内，两辆运输甲醇的铰接列车追尾相撞，前车甲醇泄漏起火燃烧，隧道内滞留的另外两辆危险化学品运输车和 31 辆煤炭运输车等车辆被引燃引爆，造成 40 人死亡、12 人受伤和 42 辆车烧毁，直接经济损失 8197 万元。

造成事故的直接原因是，晋 E23504/ 晋 E2932 挂铰接列车在隧道内追尾豫 HC2923/ 豫 H085J 挂铰接列车，造成前车甲醇泄漏，后车发生电气短路，引燃周围可燃物，进而引燃泄漏的甲醇。

从这起事故中学习什么：

安全管理措施不怕严厉，怕的是大家都稀里糊涂，不知道谁是安全的最大受益者。然而，问题就在这里，谁都没把自己作为受益者。没有想到自己是安全的受益者的时候，公司的安全管理就成了外来的负担，就会有人管就做，没人管就不做；有人严抓时就认真做，没人严抓时就敷衍做。从这起交通事故来看，不要因一秒钟的疏忽，而造成一辈子的后悔。

从事故防范措施看：

要始终坚守保护人民群众生命安全的"红线"。要建立健全"党政同责、一岗双责、齐抓共管"的安全生产责任体系，切实采取有效措施，全面加强安全生产工作。要高度重视道路交通尤其是危险化学品道路运输和公路隧道安全工作，进一步明确和落实道路运输企业安全生产主体责任、行业主管部门直接监管责任、安全监管部门综合监管责任和地方政府属地管理责任，充分发挥地方各级道路交通安全工作联席会议、危险化学品安全生产监管联席会议等协调机制的作用，针对事故暴露出的各类突出问题，逐一研究和落实防范措施，切实加强安全生产特别是危险货物道路运输和隧道交通安全工作。

要大力推动危险货物道路运输企业落实安全生产主体责任。各类危险货物道路运输企业切实落实安全生产主体责任，严格执行国家有关法律法规和规章标准，建立健全安全生产责任制、安全管理规章制度并认真贯彻落实，坚决杜绝"包而不管、挂而不管、以包代管、以挂代管"的情况发生；要督促运输企业加强驾驶员、押运员培训、教育和管理工作，建立完善的安全培训、考核制度和录用、淘汰机制，着力提升从业人员的法制意识、安全意识和安全技能，严禁不具备相应资质、安全培训不合格和安全记录不良的人员驾驶危险货物机动车辆；要督促各类危险货物道路运输企业采购合格运输车辆，严格按照规定进行日常检查和定期维护保养，始终保持营运车辆技术状况良好，确保运输车辆安装符合《道路运输车辆卫星定位系统车载终端技术要求》（JT/T 794—2011）的 GPS 卫星定位装置，并保证车辆监控数据准确、实时、完整地传输。

要切实加大危险货物道路运输安全监管力度。要加强对危险货物道路运输企业的日常安全监管，对安全管理责任不落实、"包而不管""以包代管"和存在重大安全隐患以及有挂靠问题且"挂而不管、以挂代管"的危险货物运输企业，要依法限期整改，情节严重的要责令停业整顿。对整改验收不合格的，要依法依规取消其相应资质。同时，要严格驾驶员从业资格管理，及时掌握驾驶员的违章、事故记录及诚信考核、继续教育等情况，对于记分周期内扣满12分的驾驶员，要吊销其从业资格证件，三年内不予重新核发。安全监管部门要加强综合监管，推动有关部门搞好直接监管，促进各项工作落实。采取"不发通知、不打招呼、不听汇报、不用陪同和接待，直奔基层、直插现场"的方式，对危险货物运输安全开展暗查暗访，深查企业安全管理状况及隐患排查整改情况。对监管工作不到位的地区和部门要进行问责；对于安全隐患严重、发生重特大事故的危险货物道路运输企业要列入"黑名单"并向社会曝光。

5　在事故中认真探究问题　>>>

《老子》第六十四章："其安易持，其未兆易谋。其脆易泮，其微易散。为之于未有，治之于未乱。"意思是说，当事件处在稳定的状态下，如果控制就很容易控制；当事件还没有变得很糟的情况下，容易谋划出来；当一件东西很脆弱的时候，很容易把它打破；当事物微小时，容易失散。当问题发现的比较超前的时候，处理成本是最低的。从经济学的角度来说，对待问题一定要谨慎，好的时候和坏的时候都要一样的对待问题。

问题管理是现实主义导向，从问题切入；目标管理是理想主义导向，从目标切入；人本管理是以人为中心，强调积极性；科学管理是以事实为中心，强调积极性。问题管理是以问题为切入点，并以解决问题为导向的一种管理模式，它与目标管理相对应。

从企业角度来讲，当安全事故比较多的时候，就是问题管理；当管理比较成熟的时候，就是目标管理和科学管理。

有一个车间主任，看到机修车间的员工将铁屑撒在机器之间通道的地面上，车间主任用问题管理的方法处理。问："为何将铁屑倒在地面上？"答："因为地面有点滑，不安全。"问："为什么会滑？"答："因为那儿有油渍。"问："为什么会有油渍？"答："因为机器在滴油。"问："为什么会滴油？"答：

"连接器有漏点。"问："为什么会有漏点？"答："连接器内的橡胶油封磨损了。"正是这5个为什么，确认了问题的根本原因，使问题得到了彻底的解决。

从问题管理流程可以看出，从责任者或志愿者寻找和发现问题，分析与界定问题，到决策者制定和选择解决方案，实施方案，修订目标，改变策略。关键问题的解决如果三次无效，最终决策者就要更换负责人；如果再三次无效，企业就要被出售或关闭。

2016年8月11日14时49分，湖北省当阳市马店矸石发电有限责任公司热电联产项目在试生产过程中，2号锅炉高压主蒸汽管道上的"一体焊接式长径喷嘴"（企业命名的产品名称，是一种差压式流量计，以下简称事故喷嘴）裂爆，导致一起重大高压蒸汽管道裂爆事故，造成22人死亡，4人重伤，直接经济损失约2313万元。

造成事故的直接原因是，安装在2号锅炉高压主蒸汽管道上的事故喷嘴是质量严重不合格的劣质产品，其焊缝缺陷在高温高压作用下扩展，局部裂开出现蒸汽泄漏，形成事故隐患。相关人员未及时采取停炉措施消除隐患，焊缝裂开面积扩大，剩余焊缝无法承受工作压力造成管道断裂爆开，大量高温高压蒸汽骤然冲向仅用普通玻璃进行隔断的集中控制室以及其他区域，造成重大人员伤亡。

从这起事故中学习什么：

生产作业的各个环节都要严格把关，尤其是质量和安全。从问题管理的角度分析每一个细节，把问题消灭在萌芽中。

还需要解决职责不清的沉疴。既往的安全工作中，常出现职责不具体、操作性不强等老问题，更需要将系列的考核指标、系统的安全责任，进行逐项、逐级、逐岗、逐人地分解落实，领导、管理人员、员工干什么、怎么干一清二楚，从而消除推诿扯皮。

从事故防范措施看：

需要切实增强安全生产意识，严格落实主体责任。生产经营单位要深刻反思事故教训，切实履行企业安全生产主体责任，强化安全意识、法律意识和责任意识，建立健全安全生产责任体系，不论是企业主要负责人，还是普通员工，都要严格按照法律法规、制度规范和操作规程，开展项目建设、生产运营、安全管理等各项活动，切实做到遵章守纪、合法经营；要深入推进隐患排查治理工作，落实企业负责人隐患排查治理的第一责任，做到"谁检查、谁签字、谁负责"，确保隐患排查治理全覆盖、不走过场；要强化设备设施采购管理，制定严格、规范、可行的设备采购程序和办法，严把设备设施质量关；要强化建设项目安全管理，严格设计、施工、监理等单位资质审查，制定规范严格的工程招标、项目质量管控等制度，确保建设项目符合法规规范和生产实际要求。

需要强化责任担当，优化部门监管职能。各级政府及有关部门要时刻保持清醒的头脑，牢牢把握监管主体责任的内涵和要求，强化责任担当，切实做到履职不缺位，尽职重实效。要深入研究和明确部门间职责边界，确保各行业各领域各环节的生产经营活动，有人管、管得好。各有关部门要强化自身建设，增强履职的主动性。质监部门要修改和完善特种设备监管法规制度，增修《特种设备目录》，将压力管道上承受相同压力作用的部位和元器件一并纳入特种设备监管。能源部门要强化矸石发电公司相关设计规范的修订，明确规定集中控制室等人员密集场所的设计布局、隔断设施等安全要求，对高温高压管道与人员密集场所的安全距离及相应的防护措施做出具体规定。在役矸石发电公司高温高压管道布置在人员密集区域的，应采取相应安全措施。要加强行政审批过程管理，跟踪督办重点项目实施情况，强化项目建设监督管理，严厉打击违法违规建设行为。国土、规划部门要增强法律意识，严格依法行政，严防不作为、乱作为。安监部门要善于利用安委会平台作用，确保"管行业必须管安全、管业务必须管安全、管生产经营必须管安全"落实到位。

6 在事故中挖掘资源价值 »

只有记住事故，正确对待历史中出现的问题，只有这样，企业才会更加健康地发展。

沃尔玛创始人沃尔顿退休后，记者采访他时问了三个问题，沃尔顿的回答对我们搞好安全生产、做好总结工作、挖掘事故资源价值很有启示。记者问的第一个问题是：沃尔顿先生，你成功的主要因素是什么？沃尔顿回答说，成功的主要因素是好的决策。记者追问，好的决策来源于什么，你依靠什么做出好的决策？他回答只有两个字——"经验"。记者再追问，你的经验是怎么总结出来的？他又说了四个字——"坏的决策"。这三个回答形成了一个闭环。就是说我们要做好安全生产工作，需要先做好工作布置。而布置好工作，主要依据过去对各套装置运行经验的吸收。这些经验中最宝贵的是什么呢？是坏的决策——教训。所以，要挖掘事故事件的价值。如果把事故事件的价值扔到一边，就不能形成好的经验；如果没有一个好的经验，工作就不能做出好的部署。

在这个意义上，企业要针对同类型事故、具有可借鉴价值的事故展开案例分析，把过去的事故价值分析出来，把别人用鲜血换来的事故教训作为我们的警示，做一个聪明人，不让别人用生命和鲜血付出的、发生的事故再发生在我们身上。要鼓励员工说出事故真相及未遂事件，让事故资源得到更大范围共享，减少、努力杜绝同类事故的重复发生。安全生产过程中必然会有不可预知的、没有认识到的活动。但是我们对已经意识到的同类事故，如果还不能杜绝发生，那我们就不是聪明人。

从事故挖掘价值来讲，隐瞒事故比事故本身损失更大。企业管理中要创造瞒不住事故的平台，让大家共同监督。在事故中要弱化处理人，强化事故原因分析和措施研究，鼓励大家把事故真相说出来。好好研究他为什么这样做，怎么能不让他这样做。只有把事故的真相、原因措施挖掘出来，做一个聪明人，才能让血和生命付出的代价真正实现价值，安全管理水平才能不断提升。

2015 年 8 月 12 日，位于天津市滨海新区天津港的瑞海国

际物流有限公司（以下简称瑞海公司）危险品仓库发生特别重大火灾爆炸事故。事故造成 165 人遇难（参与救援处置的公安现役消防人员 24 人、天津港消防人员 75 人、公安民警 11 人，事故企业、周边企业员工和周边居民 55 人），8 人失踪（天津港消防人员 5 人，周边企业员工、天津港消防人员家属 3 人），798 人受伤住院治疗（伤情重及较重的伤员 58 人、轻伤员 740 人）；304 幢建筑物（其中办公楼宇、厂房及仓库等单位建筑 73 幢，居民 1 类住宅 91 幢、2 类住宅 129 幢、居民公寓 11 幢）12428 辆商品汽车、7533 个集装箱受损。

通过调查询问事发当晚现场作业员工、调取分析位于瑞海公司北侧的环发通信公司的监控视频、提取对比现场痕迹物证、分析集装箱毁坏和位移特征，认定事故最初起火部位为瑞海公司危险品仓库运抵区南侧集装箱区的中部。

从这起事故中学习什么：

人们常常说"安全生产警钟长鸣"，这是因为安全生产工作容不得丝毫懈怠，要时刻牢记安全责任重于泰山。在对待事故和隐患时要做到"人人都是安全员"，及时将隐患消灭在萌芽状态。只有通过加强责任意识教育，才能进一步坚定安全信念，做一名心存安全、心系企业的"安全员"，担负起"安全为天"的责任，不辜负企业领导与亲人的重托。

从事故防范措施看：

需要把安全生产工作摆在更加突出的位置。坚决守住"发展决不能以牺牲人的生命为代价"的红线，进一步加强领导、落实责任、明确要求，建立健全与现代化大生产和社会主义市场经济体制相适应的安全监管体系，大力推进"党政同责、一岗双责、失职追责"的安全生产责任体系的建立健全与落实，积极推动安全生产的文化建设、法治建设、制度建设、机制建设、技术建设和力量建设，对安全生产特别是对公共安全存在潜在危害的危险品的生产、经营、储存、使用等环节实行严格规范的监管，切实加强源头治理，大力解决突出问题，努力提高我国安全生产工作的整体水平。

需要推动生产经营单位切实落实安全生产主体责任。充分运用市场机制，建立完善生产经营单位强制保险和"黑名单"制度，将企业的违法违规信息与项目核准、用地审批、证券融资、银行贷款挂钩，促进企业提高安全生产的自觉性，建立"安全自查、隐患自除、责任自负"的企业自我管理机制，并通过调整税收、保险费用、信用等级等经济措施，引导经营单位自觉加大安全投入，加强安全措施，淘汰落后的生产工艺、设备，培养高素质高技能的产业工人队伍。严格落实属地政府和行业主管部门的安全监管责任，深化企业安全生产标准化创建活动，推动企业建立完善风险管控、隐患排查机制，实行重大危险源信息向社会公布制度，并自觉接受社会舆论监督。

需要加强生产安全事故应急处置能力建设。合理布局、大力加强生产安全事故应急救援力量建设，推动高危行业企业建立专兼职应急救援队伍，整合共享全国应急救援资源，提高应急协调指挥的信息化水平。危险化学品集中区的地方政府，可依托公安消防部队组建专业队伍，加强特殊装备器材的研发与配备，强化应急处置技术战术训练演练，满足复杂危险化学品事故应急处置需要。各级政府要切实吸取天津港"8·12"事故的教训，对应急处置危险化学品事故的预案开展一次检查清理，该修订的修订，该细化的细化，该补充的补充，进一步明确处置、指挥的程序、战术及舆论引导、善后维稳等工作要求，切实提高应急处置能力，最大限度减少应急处置中的人员伤亡。采取多种形式和渠道，向群众大力普及危险化学品应急处置知识和技能，提高自救互救能力。

■ 学习启思 »

拓宽事故事件资源价值，要在自身工作基础上，不断扩大事故事件资源价值挖掘范围。

在宏观层面，加大延伸力度，实现从个体企业到整个行业，从国内到国际的重点事故事件资源全覆盖，使各种事故资源充分为我所用。在微观层面，要加大横向串联力度，从安全、法律、纪检、审计各个方面，进行全方位分析，形成横向到边、纵向到底的事故事件挖掘体系，堵塞管理漏洞，促进管理提升。

第一，拓宽事故事件资源价值挖掘的广度。

每一个事故或事件，甚至是未遂事件，都是一笔资源财富，其中很多都是用生命换来的，学费昂贵，代价沉痛。本着对生命负责、对企业负责的态度，企业有义务也有责任，将造成事故事件出现的深层次问题挖掘出来，杜绝类似事故事件再次在身边发生，这既是对历史的交代，更是对未来负责任的一种态度。

纵观世界安全管理的发展史，伟大的企业就像一个伟大的人一样，都是在不断地对过去的反思中获得真理。杜邦公司就是这样，由当初的炸药生产，形成了到现在被全球接受的"一切事故都是可以避免的"安全理念。英国石油公司、荷兰皇家壳牌集团（以下简称壳牌公司）也是这样，由当初付出沉痛的安全环保代价，到现在提出 HSE 管理理念。做人做事都需要"一日三省"，做企业也是一样的道理。

不能以事后简单处罚作为吸取经验教训的主要手段，挖掘事故事件价值的目的是不再犯同样的错误。所以，挖掘事故事件价值时，要多从管理上找原因，不要一味地责怪员工。因为发生的事故事件，70％的责任来自管理者；管理者有理由，也应该有能力把每一笔事故事件的价值挖掘出来，将这些学费转换为全面提升企业管理水平的潜力和动力。

第二，增加事故事件资源价值挖掘的深度。

开展事故事件资源价值挖掘，根本目的在于通过对事件的剖析，发现事故事件背后的深层次原因，找准问题的症结，从根本上消除隐患。通过深入挖掘事故事件资源，将各个系统发生的一系列事故事件串起来看，多从管理上进行追问，多从主观上找原因，深挖事故事件产生的根源，透过现象看本质，举一反三，不断完善相关制度、规程、标准，改进管理体系和管理机制，才能提高整体管理水平。

增加事故事件资源价值挖掘的深度要不断借鉴反思，强化反面警示与正面激励相结合。牢固树立"事故事件是资源"的理念，设立"事故反思日"和"事故反思月"，深入开展事故反思活动。既反思自身事故事件的经验和教训，又注重借鉴国内外同行业安全环保管理经验，深入剖析典型案例，挖掘资源价值，强化安全教育和培训，用自己和别人交过的"学费"，提升全员安全素质。

第三，加大事故事件资源共享的力度。

挖掘事故事件资源价值，要学会用别人交的学费，增长自身的安全生产管理知识。一个企业不可能永远有大量的事故事件资源，要学会把别人的事故事件资源拿来为我所用。应该说，很多外部的事故事件对企业自身都有很强的借鉴意义，关键是要将这些事故事件当成一种资源，深入挖掘这些资源的价值，对照自己的工作实际进行照镜子、找差距。这里所说的外部，其实和内部是相对的概念。对于企业内部；其他二级单位发生的事故，各厂可以当成自己厂的外部；对于企业之外，其他企业的事故可以作为行业内部借鉴，甚至行业之外的事故，也可以拿来借鉴。把别人的事故事件当资源对待，认真吸取教训，制订相应的整改措施，这才是企业安全环保管理应该持有的态度。

事故事件资源共享是一种有效的教育方法。安全教育一直是安全管理的重点，也是难点，让成人接受新的观念和理念难度较大。因此，开展安全教育，要突出生动、感染力强、内容丰富等特点，特别是通过具有强烈震撼效果的图片、视频等内容，让员工从内心深处切实体会到事故的危害性和安全的重要性，真正从正反两个方面进行认真思考和领悟，在潜移默化中提高安全意识，养成干任何工作都进行风险识别的良好习惯，自觉遵守规章制度和操作规程，自觉纠正不安全行为。

■ 学习延展 》》

　　强化挖掘事故资源价值最大化，要做到淡化处理人。淡化处理人不是说发生了事故不处理人。淡化是从方法上、感情上，让人觉得处理人不是事故处理过程中最重要的，只是"四不放过"中的一个环节。

　　发生了安全事故，不要就把眼睛只盯到怎么样处理人上，而应花大力气去找出事故的原因，针对原因，加强培训规范动作。对待安全事故，要拿出99%的精力分析事故原因、制定应对措施，拿出1%的精力去处理人。如果安全事故报告有100页，原因分析、应对措施的内容要占99页，处理人的内容有一页就足够了。因为发生安全事故，70%源于管理，30%来自操作。我们应该拿出70%的精力，处理70%的事。我们所要淡化的，是没有依据的、拍脑袋式的、感情用事的处理方式，是仅用经济手段单一处罚人、处理人的方式。处理人仅是一种手段。淡化处理人就要把主要精力放在领导和管理上，而不是放在当事人上。

　　因此，一定要树立制度理念，而不是人治的理念；一定要按规章制度办事，要有依据，有连续性和衔接性，避免随意性和人为因素。处理的结果要让当事人接受教训、心服口服、认识到位，同时要让全员受教育，从而达到挖掘事故价值的目的。要形成一种对未遂事件和日常事故深挖价值的氛围，让大家都开口分析原因提出建议。避免动辄先谈处理人，使得人人不敢道出实情，事事不能整改到位的现象出现。

做到淡化处理人和事故资源价值最大化的前提是安全管理要实现常识化和数量化。

常识化，就是责任追究要建立制度，制度内容要简单易记，做到人人都知道，人人都掌握。比如说，对事故责任人的责任追究要清晰明确，出现亡人事故，就摘"帽子"，这就是常识。安全生产的压力不能机械化地传递下去，而是要结合本单位的实际情况层层传递到车间、班组，传递到每一个人；要让人人都知道如果发生了事故，自己应该承担什么责任，公司的安全管理才能形成良性的制约机制。安全责任要具体到各个层面、各个角落，形成责任追究的常识化。

再就是责任追究要连续。要把事前的事情做好，事前把制度建立好、执行好、连续化，这个过程就是一个教育过程。在具体的执行中要一视同仁，纵横两方面在处理人的政策上都要连续。如果把这些常识化的东西建立起来，那么在处理人的问题上就不需要花费那么多时间和精力去研究，按规定办事，处理起来就简单明了。

数量化，就是安全业绩考核要数量化。安全业绩在各二级单位的责任状上都要有体现。常识化是解决"帽子"问题，数量化是解决"票子"问题。把"帽子"和"票子"问题解决了，那么就不必花时间、花精力一味地去强调怎么处理人。收入考核要量化，收入兑现也要量化。各个单位无论发生什么样的事故，班组、车间、工厂都要把事故责任和收入定量化挂起钩来，才能形成团队氛围。如果把发生事故的损失与企业和员工的收入挂钩，并以数量化方法去分析，员工就能切身地感受到安全是效益，安全是收入。

在常识化和数量化基础上淡化处理人，事前把常识化、数量化工作抓好抓扎实。要通过事前工作，让干部知道"摘帽子"的最大风险是安全环保，让员工明白"减票子"的最大可能是安全环保，做到干部知责任，员工晓利害。只有"帽子""票子"入心，事故处理才不操心；只有责任追究简单化、常识化，处理人时才不费神。让安全切实关系到团队每一名员工的利益，形成全体员工都有责任、有义务、有权力制止违章行为的风气，形成团队精神和"反三违"的良好环境，企业的安全生产才能够逐渐在管理上更加自信，在局面上更加平稳。只有如此，我们才能使事故资源得到共享，才能使事故价值的挖掘、事故的处理实现良性机制。

第三章 强化能力建设不放松

　　要确保安全，做好安全生产工作，不仅要员工掌握安全知识，还要熟练掌握安全生产技能。如果只有安全知识，但安全生产技能不熟练，也难免会出事故。

1 需要娴熟的安全生产技能 »»

要确保安全，做好安全生产工作，不仅要员工掌握安全知识，还要熟练掌握安全生产技能。如果只有安全知识，但安全生产技能不熟练，也难免会出事故。

那么，什么是安全生产技能呢？安全生产技能是指人们安全完成作业的技巧和能力。它包括熟练掌握作业技能、安全装置设施的技术，以及在应急情况下，进行妥善处理的能力。

提高安全生产技能既是保证企业安全的需要，也是保证自己安全的需要。要搞好生产经营单位的安全生产，最重要的一点就是要提高从业人员的专业技能，这是关键所在。专业技能是安全最重要的通行证和"护身符"。一个人专业技能的高低，直接影响着他在安全工作中的分量。一个缺乏过硬专业技能的人，应该想尽办法提高自己的专业能力。拥有过人的专业技能，是安全的必要条件。试想，工作岗位事故频发，员工安全不保，企业损失不断，何来的安全。

安全生产技能是职工安全生产的基础，也是每一个员工面临危险时基本的自保手段和措施。为了自己的安全，为了别人的安全，为了大家的安全，每一个员工都要努力学习安全知识，掌握安全技能。每一个员工的岗位不同，对于安全的要求也不同，需要掌握的安全技能也不同。汽车司机要有交通安全意识和基本行车安全技能，矿山工人要有矿山安全采掘的安全技能，化工人员要有防火、防爆、防伤害的安全意识和化学合成的安全技能……各行各业的员工对于安全技能的要求各有不同，但有一点是共同的，就是没有扎实的安全技能，是不可能做到"我能安全"的，也不可能在工作中保护自己和保护别人的生命安全。

安全是一个永恒的主题。拥有了安全生产技能，就拥有了对生命安全的基本防线，才能正确、切实地执行各项安全制度。因此，安全生产技能是每一个员工必须掌握的，是员工认识和防范危害，提高执行制度的能力和保障。只有通过学习，努力提高自身安全生产技能，才能保护生命安全不受侵犯，才不会干出误人误己的蠢事。

2018 年 5 月 31 日，某油气田公司采输气作业区进行某管线智能检测大修，实施漏磁检测仪解卡作业过程中，某阀室发生含硫化氢天然气泄漏，造成 1 名员工中毒死亡。

造成事故的间接原因是，含硫化氢天然气进入球阀中腔和排污管线。曾某在手动关闭干线气液联动球阀建立压差操作时，管道内高压天然气进入球阀中腔和排污管线。气液联动球阀中腔排污管线上的排污阀平时应处于常闭状态，但在事故发生时，该球阀处于开启状态，致使来自阀门中腔的含硫化氢天然气直接进入排污管线；球阀中腔排污管线排污阀后的双外螺纹接头断裂。最致命的是，曾某在含硫化氢天然气泄漏场所未佩戴空气呼吸器。

从这起事故中学习什么：

娴熟的安全操作技能是生产过程安全的保证，是掌握控制风险最实效的方法。掌握娴熟的安全技能，需要理论结合实践，这就需要我们在生产过程中"勤学、好问、精思、多跑、善看"，锻炼出辨析事故的能力、预防隐患的技术、躲避灾害的本领、自救互救的水平。

从事故防范措施看：

需要开展阀室与阀门隐患排查治理。一是全面排查站场和阀室的阀门开关状态、使用状态；二是全面测试站场和阀室关键阀门性能；三是全面评估站场和阀室关键阀门的工艺控制功能，重点排查安全泄放系统、进出站截断系统、干线截断系统是否合理设置；四是全面排查阀室日常管理制度，开展阀室周边 100m、300m、500m 范围内人居环境调查，立即修订应急预案。

需要全面清理阀室阀门操作维护规程。一是全面清理完善各类型阀门及配套执行机构的基础资料，特别是阀门及配套执行机构的技术规格书和操作使用说明书，进一步完善操作规程、操作卡；二是全面清理完善不同类型阀门的巡回检查、操作运行、维护保养等工作质量标准；三是全面清理井站员工、维修班（队）和第三方专业维修机构针对阀门及配套执行机构维护保养的工作界面。

需要提升员工硫化氢防护意识与岗位技能。一是立即组织开展"12·23"再警示、再教育活动，制作硫化氢中毒警示教育片，发放到各基层单位、班组，纳入轮班培训内容，常态化开展；二是组织监督、医疗专业人员赴生产一线督促开展防硫化氢中毒知识及急救技能培训考核；三是组织清理排查在用各类球阀与执行机构类型，编制培训课件，发放到各基层单位、班组，纳入轮班培训内容，常态化开展；四是组织基层单位技术骨干，开展球阀及执行机构操作技术技能培训，全面提升业务技能。

需要严肃风险作业管控纪律。一是强化作业方案的编制、审查和执行；二是将进入生产现场的作业必须开展气体检测作为一条刚性纪律严格执行；三是严肃工艺与设备变更管理纪律，严格落实变更风险评估、审批、执行，以及变更后的工艺安全信息调整；四是严查风险作业过程中的弄虚作假行为，一经发现，一律按未遂事故严肃处理。

需要严把项目设计施工质量安全关。一是立即组织开展施工现场大检查工作，除关注主材、关键阀门和关键橇装外，重点对辅材、直达料、乙供料，以及隐蔽工程、辅助工程、收尾工程的管理情况进行全面督查；二是对在建和新建项目，严格按照"五位一体"监督管理要求，建立健全从设计、施工、监理、检测、调试、运行等全过程的质量监督检查清单，提高建设项目本质安全水平；三是组织开展重点建设区块和重点场站检修驻场监督，确保质量安全环保受控；四是进一步健全完善气矿、作业区专家咨询队伍，分层级强化设计、施工方案的科学论证和审核把关；五是启动标准化设计的改进完善工作，全面对标最新技术规范，结合新工艺、新技术的运用和气田生产实际，开展标准化设计的优化调整。

需要开展"大反思、大排查、大整改"活动。主要针对事故深刻反思岗位员工安全意识与技能素质的差距，安全生产责任心与责任制落实的差距，干部作风中存在的庸、懒、散、慢、松现象，规章制度和操作规程执行力弱的问题，各级业务部门直线责任和专业安全管理存在的缺位，安全风险管控能力和方法工具利用不足等问题。

2　安全不是做给别人看的　》》

有这样一篇报道：一名工程师去工地指导工作，在未戴安全帽的情况下拒绝进入施工现场。工地员工表示不解，工程师却说，戴安全帽是为了自己的安全，不是给谁看的。我们应该明白，安全防护是对自己负责。

在现场检查中不难发现，很多人在集体作业或有人监督时，会做好安全防护，而在单独作业或无人监督时就放松安全。这说明，在潜意识里，大家对做好劳动保护工作的意义还是认识不够。如在输电线路建设工作中，劳动保护如果做得不好，人体随时可能受到伤害。所以，采取安全措施，应该是每一位供电员工的自觉行为。有些人认为，反正没人检查，系安全带、设防护绳太麻烦，而且就一会儿，又不是演习。正是这一念之差，导致了一起又一起本不该发生的伤害。

因此，每一名石油石化员工都要从自身做起，应该明白安全防护绝对不是做给别人看的！

在阿根廷著名的旅游景点卡特德拉尔，有段蜿蜒的山间公路，其中有3km路段弯道多达12处。因为弯道密集，所以经常发生交通事故，人们都称这段道路为"死亡弯道"。这段路从 1994 年通车到 2004 年，共发生了 320 起交通事故，106 人丧生。交通部门在该段路入口处竖立了提示牌："前方多弯道，请减速行驶"，没起作用；于是将提示语改成触目惊心的文字："这是世界第一的事故段""这里离医院很远"，事故依然高发。后来，交通部门把一块块提示牌上的内容都换成温馨的祝福，比如："你的平安是对家人最好的爱……"。令人神奇的是，自从在"死亡弯道"竖起了这些温馨的提示牌后，事故发生率竟开始大幅度下降，2006 年和 2007 年两年的时间里，一起交通事故也没有发生过。

2014 年 7 月 19 日 2 时 57 分，湖南省邵阳市境内沪昆高速公路 1309km33m 处，一辆自东向西行驶运载乙醇的轻型货车，与前方停车排队等候的大型普通客车（以下简称"大客车"）发生追尾碰撞，轻型货车运载的乙醇瞬间大量泄漏起火燃烧，致使大客车、轻型货车等 5 辆车被烧毁，造成 54 人死亡、6 人受伤（其中 4 人因伤势过重医治无效死亡），直接经济损失 5300 余万元。

造成事故的直接原因是，刘某驾驶严重超载的轻型货车，未按操作规范安全驾驶，忽视交警的现场示警，未注意观察和及时发现停在前方排队等候的大客车，未采取制动措施，致使轻型货车以每小时 85km 的速度撞上大客车，其违法行为是导致车辆追尾碰撞的主要原因。而贾某驾驶大客车未按交通标志指示在规定车道通行，遇前方车辆停车排队等候时，作为本车道最末车辆未按规定开启危险报警闪光灯，其违法行为是导致车辆追尾碰撞的次要原因。

从这起事故中学习什么：

安全不是做给别人看的，很多公司领导对安全是"说起来重要，做起来次要，忙起来不要"，只要结果不管过程等，不一而足。员工更不把自己当作安全的受益者，对安全似乎是"事不关己，高高挂起"，图轻松，走捷径，操作风险不考虑，安全规程抛脑后，这样的案例举不胜举。没有想到自己是公司安全的受益者，公司的安全管理变成了外来的负担。有人管就做，没人管就不做；有人严抓时就认真做，没人严抓时就敷衍做。

从事故防范措施看：

需要加强对危险化学品运输车辆的检查和对无资质车辆运载危险货物行为的排查，依法查处危险化学品运输车辆不符合安全条件、超载、超速和不按规定路线行驶等违法行为，并将信息及时通报交通运输部门。交通运输部门要进一步加强对危险化学品运输车辆和人员的监督检查，严查无资质车辆非法运输危险化学品，以及驾驶人、押运人不具备危险货物运输资格等行为，加强对危险化学品运输车辆动态监管，发现超限超载等违法行为及时查处。

需要加大道路客运安全监管力度，推动客运企业落实安全生产主体责任。要对存在挂靠经营或变相挂靠经营的客运车辆进行彻底清理，理顺客运营运车辆的产权关系，对清理后仍然不符合规定经营方式的客运车辆，要取消其经营资格，禁止新增进入客运市场的车辆实行挂靠经营。要严查客运车辆不按规定进站安全例检和办理报班手续、不按批准的客运站点停靠或者不按规定的线路行驶、沿途随意上下客等行为。要督促道路客运企业严格落实长途客运车辆凌晨 2 时至 5 时停止运行或实行接驳运输制度，并充分运用车辆动态监控手段严格落实驾驶人停车换人、落地休息等制度。

需要加强对车辆改装拼装和加装罐体行为的监管。严厉查处车辆非法改装、加装罐体从事危险货物运输行为，禁止使用移动罐体（罐式集装箱除外）从事危险货物运输，全面清理查处罐体不合格、罐体与危险货物运输车不匹配的安全隐患。与此同时，要强化路面巡查监管，对查纠到的非法改装车要查明改装途径，对涉及的企业要移交有关部门依法严肃处理。要对货运企业和货运场站进行全面监督检查，严厉查处非法改装车辆从事货物运输的行为。

需要针对事故调查过程中发现的危险化学品储存和经营环节监管工作出现的漏洞和问题，制定监督检查规定，规范监督检查工作，发现企业存在问题和隐患的，要安排专人跟踪督促整改，直至问题和隐患全部整改到位。要将危险化学品生产、经营、使用企业许可情况定期通报同级交通运输部门，共同加强危险化学品运输源头监管。要督促危险化学品储存经营企业建立健全并严格执行发货和装载的查验、登记、核准等安全管理制度和管理台账，如实记录危险化学品储量、销量和流向。

■3 需要整个工作链条合力 ⟫

企业与企业之间不再是简单的竞争对手，更应该是安全上的合作伙伴。航空业已经带了好头。为消除安全差距，帮助发展中国家的航空公司达到运行安全标准，国际航空运输协会在 2005 年启用安全伙伴计划。最初在非洲，接着在拉丁美洲，随后在中东及俄罗斯，超过 100 家航空公司结为安全伙伴。

有些企业在"大安全"管理中，加入了一个新策略，叫合作创造价值，实施安全伙伴计划，就是在同专业、同层次、跨区域作业之间推行"安全伙伴计划"，组织开展专业小组活动，加强对薄弱环节的安全技术援助。因为，企业员工之间本来就是伙伴。合作创造价值，伙伴保证安全。

企业是连接内外的合作平台。半成品和原材料来到这里，加上人工劳作，再从这里出去，已经增加了价值，形成了新的商品。员工在企业里的情形也是一样，人们从各个家庭来到企业，付出劳动，获取报酬后回到家里消费。人流、物流、资金流、信息流，像血液一样在企业里流通，一旦受阻或中断，企业就无法运转。

企业在运转过程中，要接触到无数的个人、组织，有来自外部的，也有来自内部的。外部的叫客户，内部的习惯上叫单位和员工，其实他们都应该算作是企业的客户。

员工是企业的内部客户，应该被视作是最重要的合作伙伴。

在员工中建立伙伴关系，是企业安全生产屡试不爽的利器。

日本不少公司提出建立安全的员工伙伴关系，其中典型的是在全体员工中贯彻两条提示语："大家来发现，大家来解决""伙伴的身体，靠伙伴来保护"。安全伙伴，在我国的企业中也不鲜见，最早是在煤矿行业出现。如今，全国倡导安全伙伴的企业不下百家，走到哪里都能见到安全伙伴们互帮互助的身影。

形成安全伙伴，就是在管理上建立互联互保机制。

有句话叫作："安全连着你我他，防范事故靠大家。"说的就是互联互保机制的极端重要性。

现实中，某些企业由于不重视互联互保，结果在安全生产上付出了血的代价。我们知道，在有毒有害气体泄漏的场所工作，员工需要佩戴呼吸器，还应该有人监护。可是，有位年轻员工下夜班前，在众目睽睽之下，没有采取任何安全措施就独自去冲洗有氨气泄漏的现场，最后倒在了现场。企业的常务副总在事故后感叹："要是同事之间稍微有一点点关心和友爱，也不会出这样的事故。"为什么看到他人违章却没人阻拦？估计大家感到奇怪。进一步调查发现，为了减少人工成本，这家企业简单地采取了"末位淘汰"的方式。正因为缺乏配套措施的末位淘汰制，让员工觉得，别人违章可以减少自己被淘汰的可能。同事变成了敌人，安全伙伴从何谈起？！

2018 年 2 月 26 日，某石油装备公司抽油机制造厂员工在喷涂厂房内协助协作单位进行工件吊装作业过程中，发生重伤害事故，造成抽油机制造厂 1 名员工死亡。

造成这起事故的直接原因是，吊运到平板车上的抽油机大支架倾倒，将孙某砸伤致死。

同时也暴露出了该单位在管理上存在的问题。一是管理制度不完善。在《电动单梁起重机操作规程》《喷砂工岗位 HSE 作业指导书》中没有明确吊装抽油机支架的捆绑方式及要求；

对吊装作业取出吊索具的环节没有做出明确规定；对已识别出的"已移除的吊具重新挂住工件造成工件倾倒"的风险，没有在岗位作业指导书中明确相关措施。二是监督检查不到位。高某在实际操作中存在诸如一手扶工件一手持遥控器操作、单点捆绑吊装物体、一钩同时吊大小件等习惯性违章行为，公司各级安全检查和日常检查对这种习惯性违章吊运方式未加制止。三是承包商监管不到位。《安全环保协议书》和《承包补充协议》合同审批不细致，内容不规范；作业交接界面不清，甲乙双方的日常HSE管理和监督管理责任不明确，存在现场监管不到位；现场人员的素质把关不严，高某没有经过专业技能培训，长期违章操作。

从这起事故中学习什么：

从本质上说，安全生产涉及方方面面，是对企业管理系统在某一时期、某一阶段过程状态的描述，也是企业生产经营、装备技术等整体管理水平的综合反映，尤其是会受到各项专业管理的制约，不考虑这些联系和制约关系，只是孤立地从个别环节或在某一局部范围内分析和研究安全保障，是难以奏效的。因此，必须把各专业管理作为安全环保工作基础的基石，基石不稳、基础不牢就会地动山摇。

从事故防范措施看：

需要细化完善操作规程。进一步优化喷涂作业操作步骤，组织修订和完善《喷砂工岗位HSE作业指导书》《电动单梁起重机操作规程》，增加对吊装作业取出吊索具环节的规定。

需要狠抓危害辨识与风险防控。认真贯彻落实上级公司风险管控的各项要求，全面梳理抽油机制造厂所有作业的管理流程和操作程序，重新辨识评估风险，特别要对设备设施、作业过程、员工行为等产生的风险进行重点辨识，制订切实、有效的风险防范措施，确保岗位风险可控、受控。

需要加强对员工的培训和考核。完善基层岗位 HSE 培训矩阵，组织全员开展操作规程和岗位 HSE 作业指导书的再培训、再教育，做实员工 HSE 履职能力考评，不断提高员工的安全操作技能和意识。

需要加强作业现场的监督检查。进一步明确落实各级监督检查责任，在全公司范围内开展以吊装作业和承包商合规管理为主要内容的安全生产大检查，加大违章行为的查处力度，有效提升作业现场安全水平。

需要强化承包商 HSE 管理。对违规的承包商予以清退，取消准入资格，禁止在公司范围内从事生产作业活动；认真开展承包商能力准入和人员素质评估，规范承包商项目、厂房出租业务的安全生产合同和相关协议管理，加强合同协议条款的审核，确保合同协议依法合规；强化承包商员工专业技能培训，加强对承包商的日常 HSE 监管，严格落实属地监管责任，加大对吊装、喷涂等关键环节的风险管控力度，确保生产作业风险可控。

需要强化 HSE 管理责任有效落实。狠抓各级领导干部和管理人员 HSE 学习，提高管理能力和思想认识；深入开展领导干部 HSE 履职能力考评，全面推行领导干部定期 HSE 述职，严格考核问责，确保能岗匹配、合格履职。

4 安全工作需要尽职尽责 »

在我们身边每一秒或许都有安全事故发生，每每看到新闻上有事故发生时，大家或许也就哀叹一声，没有亲身经历过，或许难以体会其中之毛骨悚然。但一件件用血染成的教训，都应引起我们足够的重视。痛定思痛，请大家对自己的安全负责，也只有这样，才是对家人负责，对我们的家庭负责。

对于企业来说，安全更是我们发展中永恒的主题。因为有了安全，我们的企业才能多创效益、扩大规模；有了安全，我们才能构建和谐。所以，对于安全问题决不能掉以轻心，敷衍了事。坚决杜绝违规、违章、违反操作程序，不能一纸行文摆在桌上，一纸制度挂在墙上，只是给眼睛过个瘾，却从不上心。只有在日常工作生活中，时时刻刻提高警惕，牢把安全关，紧绷安全弦，人人事事讲安全，才能防患于未然，创造安全新氛围。

所以希望大家要从小事做起，不要怕麻烦，怀着侥幸的心理以为那样做不会有事之类的想法不可取，要知道任何事情都是有可能发生的。不要等不安全事故发生的那天，才开始叹息老天没有垂怜你。日常生活中，不断提升个人的安全素质，加强专业技术教育和安全技能演练，真正形成预警思维。当我们每一次出入施工现场时，记得戴好安全帽，时刻小心注意周围的施工环境。愿大家都能够为自己的生命负起起码的安全责任。

惨痛的教训，生命的代价，在每起公共安全事件的背后，总能查找到责任落实不到位的"老问题"：要么心存侥幸，要么推诿扯皮。有的对发现的事故苗头、事故征兆，不是及时抓住，不是正确加以判断和处理，而是熟视无睹、敷衍了事，埋下隐患；有的为了应付检查，把各种安全规章贴在墙上、挂在嘴边，就是不往心里去，不把法律法规规定的安全举措落实到行动上；有的监督管理部门工作不扎实，甚至违法违规为一些单位或个人开"绿灯"大行方便，最终酿成大祸……

2018 年 2 月 1 日，某钻井队在处理卡钻过程中，钻具断开致使水龙头、水龙带摆动，与 2# 气动绞车钢丝绳碰撞，绞车钢丝绳末端将站在死绳固定器与立管压力表处的井架工钟某挂起，钟某翻滚跌落至转盘边钻台面右侧死亡。

造成这起事故的直接原因是，钟某被 2# 气动绞车钢丝绳末端（吊钩、配重）钩住身体下部，导致身体后翻摔至钻台，头颈部受伤致死。

这起事故，也暴露出风险识别不到位。出现卡钻后，井队未及时制订解卡方案。未对大吨位、长时间上提钻具可能导致钻具断裂产生的危害进行识别，也未严格执行油田公司关于活动钻具的相关要求。

作业许可执行不严格。现场作业人员安全意识不强，未严格执行《作业许可管理规定》，处理井下卡钻复杂情况时，未清理钻台无关人员。

现场施工作业监管不到位。油田公司及开发部对该井现场复杂情况未足够重视，现场地质监督未及时掌握现场动态，未及时汇报现场情况，未派出相关人员到现场监督指导卡钻事故处理。

从这起事故中学习什么：

做好安全必须全员都尽职尽责。安全贯穿于生产全过程的每一个细节，而企业的设备工艺众多，操作频繁，每个小小的误操作都会导致一场事故的发生。唯有全员在生产全过程的每一个生产启动、运行、维护、紧急处置等全部细节都尽职尽责，精准操作，做好生产的每一步，生产自然安全。

从事故防范措施看：

需要完善总包井关键环节、重要节点的甲方监管措施；完善相关管理和作业许可、审批制度，确保现场作业受控。

需要开展工作前安全分析，进行安全风险识别，制订防范措施，严格执行技术规范，严禁超负荷作业，确保措施落实到位。

需要高风险作业期间，加强现场组织管理，确保所有人员处于安全区域；加强工程监督培训和管理，提升履职能力。

需要完善操作规程，确保小绞车钢丝绳在待用状况下位置固定；定置规范钻台工器具位置，确保逃生通道畅通。

5 改掉坏习惯，养成好习惯 »»

安全更体现在具体工作中，有时进入生产厂区忘记了戴安全帽，也没有出现什么危害；有的人就把头碰到电线杆上，也有的人一时不注意把头碰到机器上，也没出现生命危险。对此不能抱有任何的侥幸心理，要做的是：不仅要戴上安全帽，同时还要系上下颌带，以确保自身的安全。有的开会不认真听、滥竽充数，造成新的规定不了解、对今后的工作重心不知道、当下的任务不清楚。有的在使用金属外壳设备时不接地线，在工作中忽视了静电的存在。有的凭借着老经验、图省事，没有按照操作规程来操作。如果我们不及时改掉这些不良的行为，时间久了就会形成习惯。其实在日常工作中，一些安全隐患早已藏匿在我们的习惯之中了，给安全生产埋下了隐患，久而久之就可能会给我们带来不同程度的危害。不良的习惯和习惯性违章成为我们最大的敌人。要及时发现并改掉坏的习惯，养成利于安全和生产的良好习惯。

改变旧习惯的秘密是利用我们脑子里已经存在的习惯。习惯是一种分为三个步骤的回路，由暗示、惯常行为和奖赏组成，是因为大脑一直在寻找可以省力的方式，它会让你的惯常行为活动变成习惯，让我们不再思考基本的行为，那么推倒旧习惯再建立新习惯的难度是很大的，这也是为什么虽然很多坏习惯知道要改变，却很难改变，而通常听说需要 27 天才能养成一个习惯。

但是如果你用同样的暗示，提供同样的奖赏，你就可以换掉惯常行为，改变自己的习惯。这就是改变习惯的黄金法则，如果暗示和奖赏不变，几乎所有的习惯都是可以被改变的。很多研究都显示这条法则是改变习惯最有效的手段之一。

这里还有一个问题是真正的习惯改变，不能缺少理念信念。在遇到比一般情况更大的困难和挑战时，坏习惯可能一夜之间卷土重来。这种理念信仰作用很大，一旦人们学会信仰某种东西，这种信仰就会扩展到生活的其他方面，直到他们开始相信自己能改变。信仰是将改造过的习惯回路变成永久性行为的要素。

2018 年 3 月 11 日，甲施工单位在某油田作业区进行整改作业挂抽操作时，后驴头失控下行拉断抽油机曲柄，发生机械伤害事故，造成 1 人死亡。

造成事故的直接原因是，抽油机后驴头失控下行砸中那某背部，并将其夹在后驴头与三角支架之间致死。间接原因为，抽油机无法正常启动时，作业人员既没有卸去抽油机配重，也没有使用吊车辅助。那某用脚踩踏抽油机传动胶带，强行使抽油机运转带动后驴头上行，后驴头和配重在上行时因胶带打滑失控下坠拉断曲柄。

在安全管理上也存在漏洞，承包商管理存在薄弱环节。一是准入环节对人员资质把关不严。20 名作业人员中，只有 7 人持有"五会考核合格证"且全部过期，作业区没有按规定检查核实。二是施工方案审批环节有缺陷。作业区未按合同条款规定对修井作业的施工设计进行确认。三是对承包商现场作业监督不到位。施工单位负责整改作业的施工人员到达施工现场后，电话告知自动化中控站准备作业，自动化中控站仅在监控平台上做标记，属地单位和监督部门均不掌握整改作业情况，无法有效实施现场监督。

同时，制度规程存在短板。作业区《井下作业交接井制度》中要求"完井后挂抽工作由采油站和修井队配合完成，修井队完井后及时通知采油站配合挂抽，采油站负责操作抽油机的启停，修井队负责井口操作"，没有细化挂抽前的启停如何分工。作业区井下作业管理规定要求，施工设计由施工单位编制及审核，而作业合同中要求"乙方严格按照地质设计和工程设计方案编写施工设计，经甲方确认后组织实施"，两者在甲方审核确认方面存在矛盾。

反违章要求不严，力度不够。作业区井下作业交接井制度中规定，小修作业时，"完井后挂抽工作由采油站和修井队配合完成。修井队完井后及时通知采油站配合挂抽，采油站负责操作抽油机的启停，修井队负责井口操作。"但在所有的整改施工作业中，作业人员未按规定执行。小修过程中，作业人员采用脚踩胶带方式增加胶带摩擦力以便于挂抽，作业区对上述违章行为均未采取有效管理措施予以纠正、制止。

从这起事故中学习什么：

养成一些好习惯不容易，克服或改变一些坏习惯更是挑战。要改掉坏习惯可以参考一些专家的建议：第一，先接受你的坏习惯，用自我同情和理解，取代自我评判和谴责。第二，更准确地了解自己取得的进展。第三，在遭遇挫折后，可以通过自我鼓励来减轻压力并安慰自己。第四，虽然坏习惯会复发，但是可以试着找到其中的挑战或机会。第五，把改变过程中的挫折或者错误想象成一个教训，而不是忍受不了失败。第六，提醒自己，你有能力打破这种习惯，而且挫折会使你更强大，更有韧性。第七，记住成功是从失败中来的。

从事故防范措施看：

需要加强对承包商的安全监管。一是严把承包商资质和现场准入关；二是严格承包商现场施工过程监管；三是严格承包商 HSE 业绩考核；四是对于考评不合格的承包商进行整改或者清退。

需要全面梳理制度完善规程。全面梳理完善现有各层级 HSE 管理制度，形成清晰、明确、上下统一、各方一致的制度文件体系，做到 HSE 的要求易理解、可操作、全覆盖、不交叉。

需要加强风险防控。继续深入开展"大反思、大检查、大讨论"活动，全面梳理各种作业风险，细化风险防控措施；加强施工方案的审批，强化风险的源头管控；加强设备设施的维护保养、监测与巡检，长期服役的设备要加强运行监控和故障诊断。

需要强化责任归位。深入贯彻"管业务必须管安全，管工作必须管安全"的要求，落实领导责任，明确安全环保主体责任与监管责任，明确直线责任与属地责任，明确部门责任与岗位责任，做到责任归位、责任夯实、责任到人。根据责任归位，严格考核机制，严格奖惩兑现，严肃责任追究，发挥、调动每个干部员工的潜能与积极性，推动全员履职。

6　全面纠正习惯性违章行为　»»

安全是企业生存与获得良性发展的前提和基础。从各行各业已经发生的事故原因分析，职工的习惯性违章在其中占有相当大的比例。从事故统计分析来看，80%以上的事故是由于人的违章行为引起的，这其中，又有绝大部分属于习惯性违章行为。显而易见，习惯性违章害人不浅！那习惯性违章又是怎么形成的呢？虽然它的形式多种多样，从性质上来看，不外乎有三种：第一，习惯性违章指挥。这可是等于拿刀杀人！不过还好，公司里有明文规定，每位员工对违章指挥都有权拒绝执行，并要及时向上级领导报告。第二，习惯性违章作业。这是按照自己的习惯作业却忽视了工作中的规章制度。第三，违反劳动纪律。有跟别人学的，人家这么做，我也这样做了；也有存着侥幸心理来做的，只要不让领导发现，就没问题。这使我们对事故失去了警惕性，给安全生产留下了事故隐患。由此可见，习惯决定了我们的安危。好的习惯让我们受益匪浅，习惯性违章将害人害己。因此，从严治理习惯性违章，是做好安全生产工作的有效手段和途径之一。

俗话说，治病要先治病根，要治理习惯性违章，应首先认清习惯性违章的典型现象和症状。

从习惯性违章来说，主要存在以下特点：

习惯性违章具有顽固性。习惯性违章行为是长期养成的，所以，它的主要特点是具有顽固性。从心理学上来说，只要支配习惯性违章的心理方式不被改变，动作方式得不到纠正，这个习惯性违章行为就会重复发生。可能只有在发生事故后，事故责任人才会警醒，但可能为时已晚。

习惯性违章具有经常性。俗话说，习惯成自然。每一个人都有其各自的习惯。某些习惯性违章行为，在很多时候不是行为者在有意识的情况下做的，而是由于行为习惯使然。作为行为者，尽管在开展作业前采取周密的安全措施，但是由于"习惯成自然"，在长期的实践工作中形成的不良习惯使他们无意识地发生违章行为。而这种违章行为常导致误操作或误作业，进而导致事故发生。

习惯性违章行为具有传递性。对企业来说，师带徒是一种传统的传帮带方式。但是，部分职工在从师傅那里学到操作知识、检修维护知识的同时，也常常会学到一些违章操作或作业的不良习惯。由于违章并非一定能发生事故，而这种违章操作或作业的不良习惯可能会既省力又没出事。这便给一些员工造成了这种行为并非违章的误导，并在一代代员工中传承下去，甚至于被"发扬光大"。

习惯性违章具有侥幸性。侥幸心理是造成许多事故的原因之一，也是许多违章人员在发生事故前的一种普遍心态。有这种心理的人，大多数是那些熟知安全规定规程的人。他们往往对安全操作规程掌握较多，而且还具有较高的技术水平。持侥幸心理的人，由于多次违章并没有出现事故，对安全规定的权威性和严肃性逐渐弱化，失去警惕性，不但放松要求，在别人进行纠正时也难以入耳、入脑、入心。而这种侥幸心理，既是习惯性违章的管理难题，也更具有隐藏性、随意性、即发性，成为安全管理工作的难点。

习惯性违章是导致人身伤亡的重要隐患，严重威胁着企业的正常生产。所以，加强员工的安全意识教育，杜绝"习惯性违章"成了企业安全工作中的一项艰巨任务，也是安全生产工作的当务之急，"反习惯性违章"是遏制事故强有力的措施之一，这是一个重要而有意义的课题。

2018年3月14日，甲钻井队在承钻的某油田试油完井结束后，进行甩钻具排放钻杆作业，场地工豪某从猫道坠落地面，被滑落的钻杆击中头部死亡。

造成这起事故的直接原因是，场地工豪某使用钻杆钩拉钻杆，从猫道坠落地面，滑落的钻杆击中其头部导致受伤死亡。

在安全管理上也存在漏洞，执行"四条红线"要求不严肃，资质管理把关不严格。在施工过程中该队钻井风险总承包评估结果已过有效期，勘探项目组未及时发现并提出复审申请，除平台经理和1名平台副经理持证外，其他10名应持证人员均未持证。

管理制度不完善，未对钻井转试油后钻机拆甩阶段现场安全监管责任划分做出明确规定。在该井试油结束后还未拆甩搬迁钻机的情况下，未对后续拆甩作业过程实施安全监管，现场安全监管存在盲区。

关键岗位人员变更频繁。该队24名关键岗位人员在本井施工过程中人员变更达到17人次（其中平台经理、钻井工程师均变更2人次，平台副经理、泥浆工、井架工均变更3人次及以上），变更率达71%，超过油田公司30%的要求，对生产安全带来重大风险，勘探事业部对此种情况仅采取罚款方式，未采取进一步措施。

风险识别不到位。钻井队未识别到豪某从门卫岗转岗至场地工时间短、岗位操作不熟练及年龄偏大从事高强度体力作业带来的风险，勘探项目组对该能力评估结果审查不严。

从这起事故中学习什么：

习惯性违章已成为造成安全生产事故和人身伤害事故的最大隐患和罪魁祸首。杜绝习惯性违章，就得努力做到"安全一覆三戒"。以前车之覆为后车之鉴；以他人的问题和事故为戒，以相同类型的问题和事故为戒，以习惯性违章行为和各种陋习为戒，养成一种良好的安全行为习惯。

从事故防范措施看：

需要进一步加强特殊敏感时段安全生产升级管控。进一步明确和完善本单位各项升级管控具体措施，加强施工作业信息管理及作业风险管控。各业务管理部门认真履行特殊敏感时段升级监管职责要求，加强对基层单位落实情况的监督检查。

需要进一步加强对工程技术承包商的安全监管。进一步细化完善低资质级别队伍从事高资质级别钻井施工的队伍评估标准，特别是对平台经理、副经理、工程师等关键岗位人员从事本岗位的工作年限、学历、专业技能、身体状况、变更等做出明确规定，对一般岗位的操作技能做出要求，项目建设单位要对承包商人员能力评估的结果进行审查，要严格控制施工过程中承包商人员变更。

需要进一步健全完善规章制度。油田公司《钻前、开钻、录井开工、油基钻井液使用前、钻开油气层、钻井转试油交接、完井交井验收管理实施细则（试行）》中要对钻机搬迁安装、原钻机试油拆甩钻机作业的安全监管责任予以明确。要进一步明确交接井双方的安全责任。项目管理单位要加强对承包商制度规程执行情况的监督检查。

需要进一步强化安全生产责任落实。全面组织制订全员HSE 任务清单，建立"明责、履责、追责"工作机制，确保安全生产责任落实到位，执行到位。

学习启思　》

　　事故隐患是指人的不安全行为，作业场所、设备及设施不安全状态和管理上的缺陷，是引发安全事故的直接原因。要对隐患进行深入研究，其实质是这一隐患可接受、不可接受的问题。哪些隐患可接受，哪些隐患不可接受，是判定风险概率的重要指标。

　　造成事故的原因就是隐患。1995 年劳动部颁布了《重大事故隐患管理规定》，对重大事故隐患的评估、组织管理、整改等要求做了具体规定。

　　对待隐患，要实现从"小题大做"到"见微知著"的跨越。小题大做是做安全工作和思想政治工作时经常采用的方法。小题再小也是出了问题，大做是为了防止小问题扩大化。单单小题大做不行，还要见微知著。要善于把苗头性和出现的问题结合起来看。抓安全环保，抓稳定工作，在理念上就要追求"零"目标，从细微入手，查隐患、查苗头，落实岗位责任制，把形式的东西变成实实在在的东西，提高安全环保和维护稳定工作水平。

　　在对待隐患和未遂事故的态度上，要形成一种对未遂事件和日常事故深挖价值的氛围，让大家都开口分析原因、提出建议。避免动辄先谈处理人，使得人人不敢道出实情，事事不能整改到位的现象出现；要按规章制度办事，要有依据，有连续性和衔接性，避免随意性和人为因素。

总之，通过"安全、管理、监督、风险、隐患"这五个概念，可以得出一个基本的认识，安全是风险和后果的乘积，风险是有概率的，概率有可接受和不可接受的，概率可以通过管理来削减，削减需要监督来保证，总体目标是把隐患削减掉。

在明晰关键概念后，还要在理念上认识到安全是一门科学，是法制的体现，是各方博弈的结果。

■ 学习延展 »»

有数据统计工伤事故中60％～70％是人为因素造成的，其中"习惯性违章"导致的事故就占到人为因素造成事故的80％。

（1）侥幸心理：作业人员在工作过程中，有时会存在侥幸心理，认为严格按照规章制度执行太过于烦琐或机械，不严格按照规章制度执行或执行没有完全到位不是违章行为，并且认为即使偶尔出现一些违章行为也不会造成事故。

（2）取巧心理：在远离班组、仓库的工作现场，一些工作人员贪图方便，嫌来回麻烦，往往出现不按规章制度执行，擅自将操作内容自行合并操作，不办理工作票或未做好安全措施就开工，以及未使用相应的工器具和安全用具就工作的违章行为。

（3）逐利心理：企业制定奖勤罚懒制度是为了提高劳动生产率，但是个别作业人员为了追求高额的记件工资、高额奖金及自我表现等，将操作程序或规章制度抛在脑后，盲目追求高效率，以期获得高额工资或奖励。

（4）偷懒心理：面临公司制定的严厉事故责任处罚制度，个别员工认为：多一事不如少一事，多操作多做事就容易出事。正是由于存在这种心理，在工作中不认真履行自己的职责，导致少了一道监督关口。

（5）逞能心理：作业人员在生产现场工作时，不是凭借安全生产工作规程而靠想当然，自以为是，还有的不按规定在作业前到现场核实设备，自恃熟悉现场设备系统图，逞能蛮干、盲目操作，往往会出现违章操作，造成事故。

（6）帮忙心理：在生产现场工作中，往往会出现一些意想不到的事情，例如开关推不到位、刀闸拉不动等现象，操作者常常请同事帮忙，帮忙者往往碍于情面或表现欲望，盲目帮忙，因为不熟悉情况，极容易造成事故。

（7）自负心理：当操作过程中出现故障或异常情况时，作业人员往往以为是设备出现了故障，就强行将防护装置打开，冒险进行操作，而不检查自己操作过程中是否存在问题，这样极易造成事故。

（8）冒险心理：在生产过程中，可能会出现生产现场条件较为恶劣，无法严格按有关规程制度执行的情况，此时有些作业人员往往不针对实际情况采取必要的防护措施，而冒险去操作。

（9）从众心理：看见大家以前都是这样干的，没有出现过问题，于是自己也这样，即看别人违章违纪没有出事，自己也常常跟着别人违章违纪。

（10）盲从心理：某些企业的培训制度是徒弟与师傅签订师徒合同，由师傅教徒弟。由于师傅带徒弟过程中，将一些习惯性违章行为也传授给徒弟，徒弟如果不加辨识，全盘接受，就会成为习惯性违章行为新的传播者，同时极可能成为违章事故的责任者或受害者。

（11）好奇心理：生产过程中，当使用一些平日难得一见的新设备、新装备时，出于好奇心，作业人员往往会自己动手实践一番，由于行为者对设备情况不熟悉、不了解，极易发生意外事故。

（12）无知心理：有一些工作人员缺乏相关的专业知识，对操作技能一知半解，作业时容易违章操作造成事故。

（13）麻痹心理：盲目相信自己的经验，惯性操作，不注意周围环境和条件变化，放松警惕，自以为绝对安全。

（14）逆反心理：有个别老师傅自恃有经验，明知故犯出现违章作业。如酒后作业和酒后开车导致事故，安全帽不扣好安全扣，使用砂轮机打磨不戴防护眼罩等，结果往往是造成自己受伤的悲剧。

第四章　强化专业管理不放松

　　安全是企业生存与获得良性发展的前提和基础。从各行各业已经发生的事故原因分析，管理漏洞在其中占有相当大的比例。因此，强化专业管理不放松，加强专业部门管理，加强专业委员会管理，加强承包商监管，才是做好安全生产工作的有效手段。

1 需要强化严格监管 »

安全之困，绝不仅仅体现在一个员工意识不强、素质不高、责任不到位等种种表象问题，还有一些深层次、系统性的矛盾是制约一个企业安全发展、清洁发展的内在因素。

强化严格监管和企业消极抵触的矛盾。一个企业的严格监管阶段必须要从严治企、严格要求和严肃追究。但由此也带来一些问题：一是部分企业害怕被点名而对存在的问题极力掩饰，对查证的问题也多方疏通辩解，企图蒙混过关，管理者往往把现场发现的问题完全归咎于员工的安全素质和意识，而不从管理层面查找原因，直接影响了安全监管的效果。二是在事故事件统计方面，一说追究就没有人上报日常事件，一说点名就没有单位主动上报存在问题，所以只要没有发生严重的人员伤害、没有造成设备严重损坏或者工艺中断，未遂事故、事件记录就不会被保留，更没有制订必要的、合理的措施以避免类似更大事故。三是责任追究被纳入事故调查报告，与领导升职、工资总额、评优推先等挂钩，导致事故单位和相关人员由于担心自己或同事被追究责任而隐瞒事实或人为改变事故定性，从而上级无法通过事故调查获得真实的信息。

这些年我们一直强调"安全源于设计、源于质量、源于防范""管工作必须管安全、管业务必须管安全"，一直强调 HSE 体系与专业管理相融合、与业务管理相配套，就是要求各专业管理部门在生产组织、项目建设、储运销售等各项实际工作中，都要首先明确安全责任、落实安全措施，充分发挥规划计划、生产经营、科技信息、物资采购等各个专业的安全保障作用，分专业主动查找识别并有效治理生产过程中固有的或潜在的安全风险和因素，形成安全环保工作的整体合力。特别是石油石化企业的产品、工艺、技术非常复杂，一个方面、一个环节工作或一个行为出问题，都将造成安全生产工作总体上的失控。尤其是在系统规划、设计立项等阶段，如果忽视了安全评价和风险控制，必然会埋下事故隐患。因此，必须将安全寓于生产、管理和科技进步之中，与各项专业管理深度融合，这样才能逐步探索解决安全生产的深层次问题。

各种阶段性的专项整治和建设长效机制的矛盾。长期以来，一旦发生重大事故或是处于重要敏感时期，在国家层面上就会立即开展雷厉风行、运动式的安全整治，力求依靠这种"攻坚战""歼灭战""速决战"在一段时间内突击形成高潮。现阶段也确实需要这种表面上轰轰烈烈的整治形式，集中领导、集中时间、集中力量突击解决和抑制一些表面现象，但安全生产毕竟是一个触动观念、推动转变、带动行为的艰难过程，绝非一蹴而就、一朝一夕就能解决，不少企业整治过后依然如故，同样的问题重复发生、循环整治。

由于许多集中整治活动是国家部委要求和安排的，企业必须高度重视、积极参与，但如何在实践中与正在全面推进的体系建设相结合，处理好"持久战"与"速决战"的关系，有效避免一阵风、走过场的行为，在抓好集中治理同时大力抓好基层基础工作，逐步建立一系列配套而有效、管用的机制，是下一步必须要面对和解决的问题。

2018年3月25日，某油田公司分包商实习员工陶某，在作业区井场，进入地面原油罐打捞掉入罐内的手机，发生窒息事故死亡。

造成这起事故的原因是，陶某未采取任何防护措施，违章进入受限空间内搜寻手机。陶某未办理进入受限空间作业许可，未进行氧气、可燃气、硫化氢气体含量检测分析，未采取有效防护及应急措施，进入存有19cm液位的原油罐内。

在安全管理上也存在漏洞，分包商现场管理失控，作业人员违章蛮干。未经许可安排实习人员进到井场学习；当班小班长赵某不制止新员工张某携带手机进入油气生产区域，违反试采井入场安全提示卡中"烟火、易燃易爆品、不防爆通信器材等放于门卫处"的规定，违章安排携带手机的实习人员独立上岗进行检尺作业，手机落入罐内后，又纵容并参与用自制非防爆工具违章打捞油罐内手机；3名实习人员在未办理受限空间作业许可证、未采取任何防护措施的情况下，毫无约束地进入罐内搜寻手机，在岗操作人员不仅对违章行为没有制止，还在打捞手机及进罐内搜寻手机期间，私自关闭现场监控视频。

分包商人员整体素质低下。在事发现场询问该公司法人，发现其对于油井操作基本安全管理知识一知半解。通过抽查该公司在岗操作人员的上岗时间和技能素质情况发现，大部分操作人员在岗时间仅有几个月，井场小班长赵某上岗仅3个月。现场试卷测试这9名操作人员基本安全知识掌握情况，7名员工不能回答有哪些高危作业需要办理作业许可，不知道检尺作业有哪些安全要求，不清楚上岗前经过了哪些安全教育等，安全素质不满足上岗要求。

从这起事故中学习什么：

安全管理，需要强化严格监管，对于企业集团内部甲乙双方发生的生产安全事故，也需要按照"甲乙同责、失职追责、一事双查、有所区别"的原则，对高危和风险作业全面开展危害辨识，严格作业组织管理、严密作业程序、严细落实管控措施、严肃作业过程监管。根据责任情况从严追究各相关方企业的事故责任，确保各级管理责任和监督责任落实到位，逐步建立一系列配套而有效、管用的机制。

从事故防范措施看：

需要全面强化承包商管理。严格落承包商管理制度要求，全面查找承包商管理漏洞，建立完善各级承包商管理制度和标准，组织对现有承包商及其分包商进行全面排查，不符合安全要求的坚决停工整顿，坚决清除威胁安全生产的承包商；同时，认真落实对承包商项目管理的监管责任，加强承包商施工作业前的准入审查及过程管控，明确承包商逐级管理责任人，明确责任清单，确保承包商管理各项要求落到实处；加强外部项目安全管理，完善外部项目管理制度，明确管理界面和职责，确保外部施工项目安全。

需要狠抓安全生产责任落实。按照上级公司安全环保工作要点统一部署，全面组织制订全员 HSE 任务清单，按照"一岗双责"要求，建立起"明责、履责、追责"工作机制，确保安全生产责任落实到位，执行到位。进一步强化甲乙方各站队、班组等在生产作业现场的属地安全责任，作业区、项目部（组）等负责人分工分片包保到位，通过加大现场检查频次和扩大检查覆盖面，消除安全环保管理薄弱环节，确保安全环保工作平稳运行。

需要强化事故警示教育。深刻吸取此次承包商事故教训，各级领导班子成员要亲自带队到所属项目现场及分包商生产现场开展事故警示教育，切实落实"一厂出事故，万厂受教育"的要求，确保全体员工受到警示教育，提高员工的安全意识。

需要全面强化现场作业管理，落实"四条红线"管理要求。加强现场作业监管，突出强化动火、动土、吊装、高空、受限空间等高危作业许可管理，严格施工作业、检维修、工序转换、人员、操作、管理变更等风险管控。严格落实"四条红线"和"六项较大风险"管控的要求，做好节假日、交接班、季节转换、重要会议等特殊敏感时期的作业升级管理。做到巡回检查、生产操作过程严禁携带非生产用具，杜绝在生产现场从事与生产无关的工作。要通过加强过程管控，及时制止并消除"三违"行为，现场发现隐患要及时处理，跟踪整治，落实整改。

需要全面强化合同管理。加强合同起草、审查、签订管理的严肃性，提高合同文本质量。根据承包商服务内容的不同，进一步优化完善不同业务领域的合同模板，有针对性地制定安全责任追究条款，明确合同执行的责任主体和责任界面，监督检查合同具体条款的有效落实，按合同要求严格考核追责。

需要强化培训管理，提升员工素质。完善承包商人员安全技能培训和能力评估管理制度，改进培训和评估标准，对进入现场的承包商员工要认真落实三级教育，对承包商主要负责人和安全管理人员认真开展专项培训，严格考核，确保承包商人员素质和能力达到风险管控的要求。强化对承包商落实培训制度的监管，监督检查承包商日常操作规程、管理制度的自我培训学习，定期组织承包商人员集中培训，及时开展承包商员工评估考核，对于评估不合格者不得安排上岗。

2 管工作必须管安全 »

在安全管理工作中，各项工作落实难，问题到底出在哪里？安监部门是不是管了不该管的事？

安监队伍管理投入太多，替代了本应由直线部门承担的责任，但抽身事外，安全管理的推进又得不到有力执行。一个没有掌握任何资源的部门承担着安全的职责，看起来执法人员忙忙碌碌、兢兢业业，但实际上干了许多无效工作，将安全和安监混为一谈。如清明节扫墓要安监人员防火，汛期来临要安监人员防汛，春节时要防止烟花爆竹爆炸，把安监人员视为抓安全工作的"万金油"和"万用表"，搞得紧张疲惫却又不知所云，进不得退不得，有限权力面临无限责任，安全部门在许多方面替代了直线组织的安全职责。而企业也没有为各级管理人员制定用于落实他们安全责任的具体职责，普遍缺乏安全管理的有效方法、手段和技巧，往往投入了大量时间和精力但效果不佳。

按照"管工作必须管安全"的原则，要切实发挥各级业务部门在安全管理方面的主体作用，推动直线责任、风险管控和隐患治理等更直接地融入业务流程。要通过全面开展安全履职能力评估等工作，进一步提高直线部门的安全履职意识和安全履职能力。同时，企业要为各级管理者设计和提供针对不同领导岗位的安全培训，包括安全管理技能和执行力方面的培训，进一步有效完善和系统地提升安全业绩的评估系统。安全监管部门在工作重心上，要实现从裁判到教练的回归，要把更多精力放到风险预控体系、应急保障体系、事故管理体系三大体系的建立上来，实现安全部门职能定位和工作重点的深度改变，实现从片面的检查监督向综合的指导培训转变。

　　企业安全监管部门的真正职责是充当管理层的顾问，为专业管理提供安全咨询，为直线组织协调各项安全事务，解释标准和安全规章制度等，但事实上许多不掌握资源和决策权的安全部门成为推动安全管理的主要力量，并在许多方面替代了企业专业管理组织的安全职责，导致在安全推进实践工作中常常感到心有余而力不足。要确保专业管理到位就必须首先确保安全责任到位，各专业管理部门必须要承担安全生产的主体责任，在安全生产的人、财、物等投入上给予重点考虑和保障，对安全生产工作特有的规律性、复杂性要定期进行系统研究，逐步完善安全管理的有效方法、手段和技巧，坚决杜绝那种"想到什么就抓什么、想到哪里就干到哪里、干到哪里就算哪里"的随机性管理。只有各级专业管理到位了，人的不安全行为就可以克服，物的不安全状态就可以消除，环境的不安全因素也可以改变。

在直线责任落实方面还缺乏必要的保证手段。目前，不掌握资源和决策权的安全部门成为推动安全管理的主要力量，并在许多方面替代了直线组织的安全职责，对直线责任的落实没有建立有效的绩效考核机制。而真正落实安全直线责任，并不是靠一项简单的制度来推行，需要配合多方面的有效手段和约束机制，许多企业并没有为各级管理者设计和提供针对不同领导岗位的安全培训，缺少有效和系统地提升其安全管理技能和执行力方面的培训和安全业绩的评估系统。

2018 年 5 月 15 日，某油品销售公司加油站员工汪某，站在加油站专用变压器横担上，用木棍挑落 10kV 高压线上悬挂的纤维包装袋过程中，变压器高压侧（C 相）放电，汪某触电坠落地面，经抢救无效死亡。

造成这起事故的直接原因是，汪某登上变压器横担带电作业，高压弧光放电，击中左手肘肩部，从横担上坠落，导致死亡。

加油站在安全管理上存在漏洞，超越职责，擅自组织危险作业。本次架空线路清理异物的作业应由加油站向供电公司报告，由供电公司负责完成，加油站员工不应擅自清理。

制度执行力不强，违规作业。此次作业的张某、汪某只有危险化学品经营单位安全生产管理人员资格证，没有取得电气特种作业资格证，不具备从事该作业的能力，超越资质、能力作业。

风险管控不到位，作业许可管理制度执行不严。此次清理架空线路杂物作业涉及高压电气作业和高处作业，需办理高压电气作业票和高处作业许可证，实际现场人员未报告、未执行公司危险作业许可制度，未识别出触电、登高作业存在的风险，没有采取任何安全防范措施。

员工培训教育效果流于形式。未按照加油站管理规范规定上报和处理变压器隐患，缺乏电气安全常识，安全风险意识淡薄，未吸取销售企业事故教训，未做到举一反三，员工电气安全风险意识淡薄，存在侥幸心理。

设备设施管理不到位。变压器防护栏设置高度不符合规范标准要求（标准高度要求1.7m，实际高度1.2m），且为加油站安装的防撞护栏，并非防止误入触电的防护栏；现场设置的安全警示标识不明显，防护栏上没有防止触电的警示标识；变压器高压侧线路绝缘皮老化破损，起不到绝缘作用，存在安全隐患。

从这起事故中学习什么：

"管生产必须管安全"是要求谁管生产就必须在管理生产的同时，管好管辖范围内的安全生产工作，并负全面责任，是安全生产管理的基本原则之一。从事生产管理和企业经营的领导者和组织者，必须明确安全和生产是一个有机的整体，生产工作和安全工作的计划、布置、检查、总结、评比要同时进行，决不能重生产轻安全。

从事故防范措施看：

需要厘清管理界面，开展电气设备设施隐患排查。全面厘清供配电系统管理界面，明确产权归属、管理界限，按照地方电力管理部门的要求，完善供用电维保协议。全面组织开展库站电气设备安全隐患专项排查，尤其是对变压器的防护栏完整性、低压配电柜漏电保护不完善、保护接地不完好、警示标识缺失等电气设备隐患进行重点检查，对排查出的隐患问题，按照管理界面立即协调组织整改。

需要全面加强施工作业现场临时用电安全管理。特别是对加油站防渗改造项目进入施工现场的电气设备、工器具进行检查，对临时用电操作人员资质进行核查，禁止人员、设备带病入场；聘请电气专业人员对加油站供配电系统及临时用电系统进行检查，确保满足 TN-S 三相五线制接线要求，漏电保护系统试验合格，对不符合安全要求的承包商立即停工整改。

需要认真落实加油站现场维修安全管理要求。按照销售公司"六问六不干"要求，细化设备设施维修的安全管理，加油站的生产、经营、安防、信息系统、电气及附属设备等涉油涉电设备，员工操作时要严格遵守操作规程，出现故障需要维护维修时，要由公司安排具备相应资质的人员进行维修。

需要强化作业许可执行，深化安全教育培训。进一步规范生产作业活动，明令禁止非岗位职责范围内的生产作业活动，涉及生产作业活动的特种作业人员必须持有效资格证上岗操作并落实安全监护及防护措施，非常规作业必须严格执行现场作业许可审批管理规定。立即组织全员开展以电气安全技术为主要内容的安全教育培训，掌握生产、生活用电安全常识。结合"安全生产月"活动，组织开展生产安全事故警示教育，吸取事故经验教训，提高事故风险管控能力。组织各库站开展应急管理、急救知识培训，预案模拟及实操演练，提升事故应急处置能力。

需要落实责任，强化停业施工改造现场的安全管理，重点防范"触电、坍塌、坠落、落物"事故。加油站施工改造期间，加油站经理负责对施工队伍入场手续进行检查，负责进场人员的安全教育和资质审核，负责离场人员的核对，负责加油站资产的监护。施工改造项目经理是安全第一责任人，全面负责加油站施工现场的安全管理、安全检查、安全维护和安全监督工作，对进行的危险作业要向站经理和地市公司报备，严格作业票证管理并做好施工记录。加油站经理有属地管理责任，对施工相关方在加油站范围内的安全和环保行为承担连带责任。

需要深入开展"大讨论、大教育、大排查"活动。认真查找在安全生产工作上存在的认识不到位、责任不到位、培训不到位、管理不到位等问题，分析查找系统管理上存在的薄弱环节和盲区死角，从管理方式、风险管控、制度标准、培训模式等方面制订有效措施，进一步提升安全管理水平。

3 安全监管还能做什么 »

不检查、不发文、不开会，安全监管还能做什么？

评价当前石油企业的安全环保工作，要求不可谓不严，措施不可谓不多，工作的力度前所未有。但毋庸讳言，现在抓安全，很大程度上还未摆脱头痛医头、脚痛医脚，靠运动式、突击式来解决各种面临的问题，由此使人们进入一个怪圈，那就是安全一出事，就紧急下通知、紧急开会、紧急开展安全检查，事过了，又回到老样子，事故又抬头。不能否定安全大检查的作用，现阶段安全大检查仍是提高全员安全意识、控制事故风险的重要途径。上边抓得紧一些，检查的声势高一些，检查的密度大一些，安全效果就肯定好一些。但如何真正掌握安全生产主动权、形成安全管理的长效机制？现在虽然还没有一套科学的、大家都能普遍接受的、可操作性的方法，但应该说已经有了一个原则性思路，那就是 HSE 体系审核。

安全检查是当前我国政府安全生产监督管理部门和相关企业进行安全监管的重要手段。每年国家监管部门都会在全国范围内开展安全生产大检查，并针对重点行业领域开展安全整治工作。2015 年 4 月 2 日，国务院办公厅印发了《关于加强安全生产监管执法的通知》，明确提出国务院、地方各级人民政府和负有安全生产监督管理职责的部门都要创新安全生产监督执法机制。要求国务院安全生产监督管理部门加强重点监管执法，实行重点监管、直接指导、动态管理；地方各级安全生产监督管理部门要建立与企业联网的隐患排查治理信息系统，实行企业自查自报自改与政府监督检查并网衔接，并建立健全线下配套监管制度，实现分级分类、互联互通、闭环管理等。

2018 年 11 月 20 日，某油田建筑安装公司在转油站扩建及系统工程中更换变压器施工作业时，发生触电事故，造成 1 人死亡。

造成这起事故的直接原因是，使用吊车更换变压器过程中，班长张某指挥变压器吊装不当，施工作业人员刘某未穿戴绝缘防护用品，拽拉带电的变压器，与接地的变台形成 6kV 导电回路，造成刘某触电身亡。

公司在安全管理上存在漏洞，施工现场风险管控不到位。一是电工队一班未开展工作前安全分析，未识别在6kV线路下吊装更换变压器存在的触电风险，未给现场作业人员配备绝缘靴、绝缘手套等必要的劳动防护用品。二是建筑安装公司未组织对本项目施工中存在的安全风险进行识别、分析，并制订风险防范措施。

现场施工组织存在缺陷。一是班长作为现场作业负责人，更换变压器施工中，在无起重指挥资格条件下违章指挥变压器吊装作业；在靠近带电部分工作时，未安排专人监护，班长兼任监护人，身兼数职，导致安全监督、监护、指挥职责无法有效落实。同时，违规安排2名无高压电工作业资格的人员在变台上安装变压器。二是电工队现场施工作业前，没有组织对施工组织设计和HSE作业计划书进行培训，导致电工一班所有人员不清楚本次施工要求。

员工培训和能力评估不到位。一是询问电工一班2名劳务派遣人员及1名家属工（吊车司机），上岗作业前均未接受三级安全教育。未开展岗位技能培训，未测试岗位能力能否达到岗位要求，就直接派驻电工队参加项目施工作业。二是电工队23名员工，5人持有电工证（3人持高压电工作业证，2人持低压电工证），队长、副队长均无电工证，也不是相关专业毕业人员，公司未对队长、副队长进行履职能力评估，也未对劳务派遣人员资格能力进行准入评估。

从这起事故中学习什么：

在这起事故中，我们提出"在单位安全生产工作中，我能做什么？"并由此建议；一是每天上班一定要严格按照规定穿戴好劳动保护用品；二是严格贯彻执行所在单位安全生产管理的各项规章制度，科学规范地按照安全生产技术操作规程进行生产操作，自觉主动地做到不违反劳动纪律，不违章操作；三是勤学技术，不断提高自己的生产操作技能水平。

从事故防范措施看：

需要加强更换变压器及临电施工作业管理。深刻吸取事故教训，针对后续更换变压器作业及其他临电作业，要深入开展危害因素识别和分析，严密制订风险防控措施，形成作业规程或专项方案，尤其是涉及局部停电更换变压器的作业时，起重机吊臂高度绝不能超过安全距离的垂直高度，起重指挥人员必须取得相应的资格证书。参与停电及变压器安装作业人员，必须为持高压电工资格证人员。停电作业的人员，必须穿戴好绝缘手套和绝缘靴；登变台作业的人员，必须穿戴好安全带、绝缘鞋等劳保用品，且作业期间必须设置专职监护人员。

需要严格作业许可制度。针对基层作业队在野外作业许可制度执行不到位的状况和各类施工作业活动，梳理明确作业许可目录清单。涉及作业许可管理范围的作业，必须严格按照要求，勘查现场后，认真开展工作前安全分析，明确安全防范措施，办理作业许可的申请、审批。实施作业许可时，必须明确现场合格的专职监护人，施工单位小队以上干部要跟班作业。涉及直线责任部门审批的高危作业，直线部门相关人员必须到现场确认防范措施落实情况。涉及承包商作业的，必须明确甲乙双方各自责任，并在施工作业过程中严格落实，确保施工作业风险受控。

需要加强现场施工人员的培训和考核，严格上岗资格管理。加强对现场施工人员的入场安全培训和能力准入评估，严格落实三级教育制度，特别是完善劳务派遣人员安全技能培训和能力评估管理制度，严格落实上岗前岗位技能培训，考核合格后，方可进入现场施工。对油田公司内外部承包商的各级施工现场负责人严格开展专项培训和考核，确保承包商管理人员素质和能力达到风险管控的要求。严格对特种作业人员资格审核，杜绝无证上岗。

需要落实项目组织机构，加强施工作业全过程管理。建设单位和施工单位应针对每个建设项目成立职能完善的项目管理机构，施工单位要梳理内部管理程序，明确各级管理责任，建设单位要承担起属地管理责任，杜绝管理缺位。施工单位组织技术、施工、安全和项目管理部门或专业人员编制施工组织设计和各类施工方案时，要认真组织开展风险识别并制订有效的防控措施，经技术负责人审核合格后，报建设单位审批，建设单位审批前要组织相关专业部门联审，批准后方可实施；危险性较大的分部分项工程须编制专项施工方案；实施前，项目管理部门组织对参与施工的所有管理人员开展分级培训，确保所有人员清楚施工组织设计的要求，严格按照施工组织设计开展施工；施工过程中，建设单位和施工单位要严格按照职责分工开展现场监督检查，确保安全防护措施落实到位。

需要全面强化基建施工项目现场监管。建设单位和施工单位要分层级明确直线部门和属地单位的现场监管职责、重点监管内容和方式并严格落实。施工单位各级 HSE 监管人员要采取派驻、巡回检查和抽查等有效方式开展现场监督检查，对移动吊装、高处、临近带电体等高风险作业实施旁站监督。

　　需要进一步强化承包商管理。严格按照上级公司承包商管理要求，对承包商施工作业前的人员资格能力、设备设施安全性能及安全组织架构、教育培训和管理制度，开展严格的评估审核，防止不符合要求的承包商施工队伍和人员进入现场作业，并做好施工作业过程中的承包商符合性审查。

■4 安全检查不能重形式轻实效　»»

　　多年来，石油企业每年都会开展安全生产大检查，并从 2012 年开始连续实施每年两次的 HSE 全要素体系审核，要求所属企业对发现的问题进行整改落实。从过去几年各类专业检查的情况来看，安全检查和体系审核过程中出现的一些"非安全"因素和现象值得关注和思考：一是部分企业对上级公司的安全生产监管机制缺乏深入理解和理性认识，把安全检查和体系审核看作负担，存在应付心态和消极抵触心理，重形式、轻实效，只求过关，事后对检查过程中发现和提出的问题迟迟不予解决，致使安全隐患没有及时消灭，一旦遇到问题也难以做到有的放矢。二是重处罚、轻教育。处罚尤其是经济处罚的确能使违章企业和员工有所触动、付出代价，但单纯依靠处罚手段达到降低事故发生率的做法往往难以奏效，尤其是对安全检查出的问题不分原因、不分类型进行处罚，有时候还会产生负面效果，致使基层员工难以清晰认识到存在的问题及其根源，对如何解决问题也无所适从，甚至诱发逆反和对立情绪，这是导致同类安全生产事故事件重复发生的重要诱因。

审核不是检查，不能局限于发现几个问题，更不能局限于发现一些车间大队级的问题。浅层次的问题、个别的问题，比如一部分文件没有受控标识，个别员工劳保用品佩戴不当，记录有缺项不够规范，这些相当于"皮肤病"的问题，不是重点。重点应放在通过审核促使用人单位将体系管理的思想、原则和方法融合到日常安全管理工作中去，并在严格规范管理的基础上提高效率，核心是看企业是否按照体系化的思想进行风险管控和持续改进。当然，也有能不能发现深层次的问题，能不能实现审核发现从现场问题到管理问题的追溯问题。首先要解决的就是审核团队的自身素质问题，一些审核人员能发现专业问题，多是基于自身的工作经验，审核发现的问题没有代表性，随机性强，受个人影响大，大多集中于点上的个别问题，对安全管理全面的指导性明显不足，也不能全面反映一个企业的整体管理水平。要真正实现指导式审核，整个审核团队要形成包括懂专业、懂管理、懂体系的审核专家队伍，不仅能看到问题、提出整改意见，还要开出药方、提供咨询服务和指导。实际上，一说管理追溯一般就要具体到岗到人，这就容易造成审核者的顾虑。

不能只关注发现问题整改了多少，更应该关注企业根据暴露出的问题而形成的整改分析报告。在体系审核当中，要先查有没有规定，再查有没有执行，这两者同样重要。某种程度上说，执行问题可能更为重要，因为制度规定还可以继续完善，但没有执行却首先是态度和认识问题。审核组在短时间内发现的问题只是提供了一个线索，企业要做的是根据这个线索去发现一类、共性的问题，不能审核组一走、把问题一整改就认为结束了。审核组的活动结束之后，对于企业来说大量的工作才刚刚开始。审核结束后一定要对发现的问题进行深入细致的研究和思考，要开展两个对照：一是对照与以往体系审核、安全大检查发现的问题，找出哪些是屡查屡犯、屡查不纠的问题，这些问题一而再、再而三地出现，要多问几个"为什么"；二是对照基层上报的事故事件，分析有的问题企业自查阶段没有发现的原因，找出是态度问题还是能力问题，是培训问题还是执行力问题等。

企业要真正提高安全环保管理水平还要靠自己。目前进行的体系审核，一个很重要的任务就是要审核"企业的审核"，不能代替企业发现问题，更不能让企业形成依赖思想。审核的最终目的还要推动和规范企业的内审，推动企业内审由直线部门来组织，安全管理部门负责咨询、指导和评估。审核问题的多少，现阶段不能反映体系的运行状况和风险管控水平，更不能说明风险因素在减少。现阶段审核出的问题不应该是减少，而应该是一个上升的趋势才是符合实际的。随着审核的深入逐年减少的应该是已发生的事故事件的次数。目前，对体系审核发现的问题可以采取"三罚三不罚"的原则：三罚是指典型的问题必须处罚、重复发生的问题必须处罚、上级通报的问题必须处罚；三不罚是指初次查出的问题不罚、已查出但正在采取措施整改的问题不罚、主动上报未遂事故和事件并吸取教训的不罚。

2018年5月23日，某工程建设公司承建的转油站至计量站（OGM）工艺管道通球作业中，从收球端内取球时发生物体打击事故，造成2人死亡。

造成这起事故的直接原因是，在管线清管通球作业中，南某、刘某被弹出的清管球打击，造成2人死亡。同时，南某、刘某未按施工技术措施安装通球指示器和跟踪仪，在仅确认收球筒放空阀无压力的情况下，作业执行人南某、技术员刘某打开收球端快开盲板进行取球作业。

公司在安全管理上也存在漏洞，项目现场管理混乱，职责分工不明确，人员配备不充足，现场作业失控。第一工程处组织通球作业过程中，收发球两端（直线距离6.6km）只设置1名施工作业监护人；根据5月23日签发的作业许可，甄某为通球作业监护人，但甄某本人不知道自己是监护人；姜某作为负责现场施工和安全协调人，未能有效制止违章作业。

变更管理不到位。从临时收发球筒变更为正式收发球筒通球工艺，将收球筒作为发球端、发球筒作为收球端，未按项目变更管理要求履行变更管理程序。

危害因素辨识不充分，风险防控措施未落实。公司将使用正式收发球筒的管道通球作业评价为一般风险，未采取有效的防控措施。

技术方案存在缺陷、审核不严格，技术交底不全面。施工队编制的原油集输管线管道通球施工技术措施存在内容缺陷，未明确操作步骤和异常情况处理措施；现场通球作业未安装通球指示器和跟踪器，施工作业前的技术交底，只对盲板、压力表安装提出技术要求，未对安全技术措施、操作要求进行交底。

从这起事故中学习什么：

安全工作是实打实、硬碰硬的工作，来不得半点虚假，不仅需要严细实的过硬作风，而且需要各级安监人员要有一双"火眼金睛"，透过表象看实质，善于发现问题，识别真伪，揭露假象，真抓实干。切实形成"先严自己，严在实处，求真务实，重在实效"的良好风气，坚决破除"重形式轻实效"的工作陋习，确保安全大检查落地生根。

从事故防范措施看：

需要严格按照一岗双责的要求，加强对外派管理人员履职能力的评估，切实提升业务人员 HSE 管理能力和水平。

需要全面落实"四条红线"升级管控，有效防范各类生产事故发生。建立健全危险作业清单，梳理完善危险性作业标准工作流程，完善风险识别和管控措施，加强安全风险的分级授权管理，明确风险防控措施的具体要求，落实应急资源和措施。

需要工程建设单位完善海外项目工作组织原则，制定配套的规章制度，明确各下属单位之间的管理界面和权责划分，理顺管理流程，优化项目管理方式。进一步提升海外员工健康管理水平，保障员工身心健康，制定合理的员工休假制度并严格执行。

需要工程建设单位加强对施工技术文件的管理和指导，在公司总部层面制定规则，明确施工技术文件的编制要求、审批流程，将 HSE 管理职责融入业务管理过程之中，提升风险管控水平，落实 HSE 管理体系相关要求。严格监督事故发现问题的落实整改，举一反三，切实加强全公司的风险防范意识，提高安全管理水平。

5 为什么说管安全就是管风险 ≫

人们一般认为安全就是没有伤害、没有损失、没有威胁、没有事故发生。这些想法无疑是对的，但这只是对安全的一种表征、一种表面的理解。安全的本质含义应该包括预知、预测、分析危险和限制、控制、消除危险两个方面。人们讲安全的时候实际上是正在研究危险；人们在揭示、注意危险的时候，其目的就是保证安全。专家告诉我们，安全永远都是相对的。

安全不仅仅是不出事故。不出事故是安全工作最基本、最起码的要求。抓安全不能满足于不出事故，不出事故不能代表安全工作完全抓好了。安全工作应该包括围绕着消除危险、避免损失所做的一系列工作。无数事实说明，对危险茫然无知、没有预防和控制危险能力的"安全"是盲目、虚假的安全，仅凭人们自我感觉的"安全"是不可靠的、危险的安全。那种既没有损失也没有危险的绝对安全虽然过于理想化，但却是人们努力的方向，人们总是在追求绝对安全的努力中，收获着相对安全的结果。

探索建立安全体系整体联动机制，系统建立基于风险的安全管理体系。具体说，就是围绕分级分类的专业安全环保风险数据库，在此基础上将事故事件管理、风险管理、隐患治理和应急管理整体联动。

首先是高度重视事故事件管理。对上报的事故事件必须进行分类，定时定量进行分析，找出其潜在的内在规律。通过这种典型的、有代表性的事件分析，形成一个风险预警的曲线。同时，结合定量风险评价（QRA）和危险与可操作性分析（HAZOP）结果、安全检查和体系审核发现的问题，逐步建立各专业的安全环保动态风险数据库和提示图，实现对风险管控从无形到有形、从抽象到具体的转变。

根据风险等级结果进行归类，将风险数据库中的不可接受和可能造成重大安全环保事故的风险作为安全环保隐患治理项目，按照轻重缓急的原则，分期、分批进行整治。风险数据库中高风险和高后果的风险（安全八大风险和环保六大风险）必须建立相应的应急预案，落实应急资源，明确应急预案的备案、演练和修订，以及消防、应急联动协议签订情况，切实做到突发事件第一时间得到处置，防止事态扩大。

这样，已往事故情况、上报事件情况及检查审核问题情况共同构成一个专业和单元的风险要素，其中重大因素成为隐患治理的来源，同时也是应急预案制订和完善的主要依据。从而以风险为核心，将风险管理、隐患治理、应急管理、事故管理进行整体联动，建立风险防控的长效机制。

建立完善 HSE 五级风险防控体系，就是要突出"更加注重治本、更加注重预防、更加注重风险"的思想，紧紧围绕安全生产运行过程中的关键环节和重点岗位，运用现代安全管理的理论、方法，对生产（工作）场所、作业岗位的危险源（点）、事故隐患和危害因素进行系统的排查、辨识、评价分级，实行分层管理和分级防控，以重点带全面，以关键促整体，把各类事故和风险隐患置于可控和在控状态。

2018 年 7 月 14 日，某建设公司分包商在一装置复工检修过程中，发生储罐爆炸泄漏并引起火灾，造成分包商人员 1 死 1 伤。

造成这起事故的直接原因是，施工作业人员高某、鲁某在罐顶部使用气焊煨弯伴热管线作业中，烘烤到差压式液位计套管根部法兰上部，受热的差压式液位计套管引燃了处于爆炸极限范围内的叔丁醇可燃气，导致该罐爆炸着火。

从这起事故中学习什么：

管安全就是管风险，就是需要不断加强现场监管，不断深化隐患排查，持续开展 JSA 分析，狠抓直接作业环节和承包商管理，严防死守，坚决以风险管控为核心，抓实抓牢现场隐患排查工作。引导员工认真思考如何发现风险，做好本职安全生产工作，提高风险防控能力。

从事故防范措施看：

需要检维修前应将易燃易爆、有毒有害物料全部退出检修系统，且工艺处理经检测合格后，才能交付检维修。特殊情况物料无法退出时，必须与检维修区域设施完全盲板隔离，对检修区域内储存物料的危险区域进行硬围护隔离和明显标识，在隔离区域内不得开展任何施工作业。

　　需要严禁在存有易燃易爆物料且其内部可能存在爆炸性混合气体的管线、容器、储罐等设备设施上，进行可能导致内部物料受热的明火作业。不得在未彻底清理合格、存在爆炸风险的管线、容器、储罐上使用气焊等明火进行切割拆除、煨管制作安装伴热设施。

　　需要针对停运装置开展全面排查，对存有物料的设备设施进行盲板隔离，做好明显标识，建立管理档案。在存有物料的设备设施本体、附件及其危险区域实施施工作业时，要按照在运生产装置进行管理。

　　需要严格生产交检修界面和施工安全技术交底管理，界面交接必须到现场核实，逐项确认。危险性作业施工安全技术交底要明确交底的方式和流程，交底必须针对具体作业，交底内容双方应确认签字。

　　需要加强检修中临时作业管理，对新增的检修任务必须按照计划检修项目同等管理，以书面的形式通知检修施工单位，明确检修内容、风险和防控要求，制订防控措施，并监督落实。对于存在较大风险的新增作业要制订详细的施工作业方案，严格审批并落实风险防控措施后方可施工。

　　需要结合装置全面停工检修的特点，有针对性地调整完善检修期间作业许可管理，有效地组织开展工作前安全分析，规范作业许可签发等级管理。强化监护人能力培训，提升现场风险识别与管控能力；监护人变更时必须对作业点的安全措施进行重新确认。

　　需要严格执行上级公司承包商安全准入要求，全面开展检修现场承包商清查工作，严格审查和评估承包商现场实际组织机构、管理制度、人员配置、资格和能力，清除违法转包和违规分包队伍。严格审核检修施工作业方案、风险评价报告等施工风险管控文件，施工作业前审核把关，要求未落实不得作业。配足监管力量，做好承包商施工全过程安全监管。

需要按照上级公司"四条红线"管控要求，严禁在节假日和敏感时段安排高危作业，特殊情况确需实施作业的，要严格执行升级审批、现场确认、旁站监督和领导现场指挥等要求，切实做好作业过程风险管控。对于违反"四条红线"要求的，要加大考核与追责力度。

6 需要创新安全监管机制　>>>

古语云："上下同欲者胜。"对于安全监管来说，需要创新安全监管机制，构建"上下同欲"的监管模式，即从思想上统一认识，深刻理解和领会上级公司的安全理念和目标；在行动中步调一致，严格按照上级公司安全生产规章制度和规范办事；在管理上实现总部监管部门和所属企事业单位共同参与、共同提升、相互促进，为保障上级公司安全形势持续稳定好转筑牢基础。

变安全检查过程为提升全员安全认知水平的过程。有关研究表明，员工对安全的认知水平影响自身对企业安全工作的支持、承诺和满意度，进而对其自身安全行为和企业安全绩效产生显著影响。在安全监管过程中，首先要使监管方和被监管方在价值观层面保持一致，即深入宣贯公司的安全生产理念和目标。其次，在目标层面也要保持高度一致，在加大事故瞒报处罚力度的同时，要探索建立鼓励安全事故和隐患及时上报机制，使被监管方深入理解检查和审核的目的是发现、消除和预控事故隐患，以确保企业和员工安全，从而使每一次安全检查成为上级公司总部、企事业单位和基层一线员工凝聚共识、加强学习、提升安全生产认知水平的重要契机和关键一环，有效消除"违章不一定会出事故""设备带病运行不一定会出事故"等认识误区。

变安全检查过程为全员共同参与安全管理的过程。员工是企业安全管理的主体和安全生产战线上的哨兵，往往能第一时间感知和发现潜在的风险和隐患。在所属企事业单位进行安全生产检查和体系审核时，要指导企业探索建立安全管理长效机制，鼓励、调动基层一线员工主动上报问题，敢于揭露问题，做到不隐瞒、不避讳，真正参与到企业的安全生产和监督管理中。石油企业在安全管理上采用了壳牌公司的"全员参与模式"，鼓励全体员工不受级别限制，积极发现事故隐患，并对他人的不安全行为进行干预。目前，在石油企业内部已经着手采取措施鼓励事故事件上报，建议进一步扩大上报事件的覆盖面，将存在的安全隐患和风险纳入上报范围，推进全体员工对安全生产的认识从"要我安全"到"我要安全"转变。同时，创新事故事件上报方式，有效提高员工的参与感，鼓励员工主动提出针对安全管理的意见和建议，并给予积极的回应和反馈，最终达到不断完善安全制度、全员参与安全监督管理的目的。

　　变安全检查过程为全员共同提升安全绩效的过程。通过不断完善监管机制和安全检查方式，安全监管方和被监管方是可以相互影响、相互促进的。BP 公司在美国墨西哥湾漏油事件发生后，要求所属各企业定期对经营场所进行自我安全检查，再由总部安全与风险职能部门对企业自查结果进行独立核实和审查，之后对检查发现的风险和隐患进行分级，并给予必要的定向指导和支持。因此，上级公司在安全检查和体系审核过程中，要切实转变"重形式、轻实效""重检查、少指导"等工作作风，监管部门不仅要发现问题和隐患，更要提出可行的整改建议和措施，提高检查的针对性和有效性。同时，进一步明确各级企业的安全生产责任，使安全检查过程成为推动各所属企业进一步落实安全生产责任制、强化岗位操作规程落实、提升安全管理水平的过程。被监管方应把检查当作是提升管理、消除问题和隐患的有效途径，当作是衡量和检验平时安全管理成效的契机，实现共同改进，共同提升。

　　2018 年 5 月 1 日，某石油工程有限公司在起钻过程中，井架工杜某在二层台配合作业时，安全带尾绳触碰气动绞车操作手柄造成绞车转动，安全带尾绳缠绕在绞车卷筒上，杜某被拉动摔倒在气动绞车上，不断收紧的安全带将其勒紧窒息死亡。

　　造成这起事故的直接原因是，井架工杜某作业时穿戴的安全带尾绳缠绕在转动的气动绞车卷筒上，被不断收紧的安全带勒紧窒息死亡。同时，设备本质安全有缺陷。气动绞车卷筒无防护措施，操作手柄无防碰、自动回位装置。井架工在排放钻杆通过气动绞车时，安全带尾绳挂碰操作手柄造成绞车启动，安全带尾绳缠绕在绞车卷筒上。安全带锚固点设计不合理,不符合安全带高挂低用的使用要求,安全绳拖地使用。

同时,公司也存在管理上的漏洞,违章操作。井队二层平台气动绞车使用操作规程中规定:"二层台气动绞车只允许在起钻起到钻铤时使用……""在绞车需要较长时间停止运行时,必须将进气阀关闭",而事故发生时处于起钻杆作业过程中,不应使用气动绞车,应关闭进气阀,但实际未关闭。

危害识别和风险管控不到位。井队未针对二层平台作业存在的危害因素进行系统辨识,未对安全带低挂、绞车卷筒裸露、操作手柄无防碰和回位装置、指梁缺失等风险实施有效管控。

现场管理不到位。井队现用的操作规程为 2013 年版,未按照规定开展评审,且二层平台气动绞车使用操作规程与现场配置的气动绞车设备型号不符;HSE 检查表中无二层平台气动绞车设备的相关内容;二层平台气动绞车的进气阀门损坏,未及时维修更换;二层钻台面杂物较多,安全通道不通畅。

设备安装位置不合理。气动绞车安装位置处于人员操作活动区域,给作业人员安全操作带来不便,也增加了安全带尾绳被缠进气动绞车的风险。

教育培训不到位。部分现场管理人员对二层平台结构和作业程序不清,井队未对二层平台作业开展针对性培训,时有安全带尾绳剐蹭绞车现象,操作人员未引起足够重视,安全意识不强。

从这起事故中学习什么:

安全是企业生产永恒的主题,对于安全管理者而言,应由单向管理转为互动服务;对于被管理者,应由被动遵守转为主动参与。让员工习惯安全，从安全中获利获益，推动企业安全工作在基层蓬勃发展，扁平化管理流程，就需要用员工已经习惯的信息交互及沟通方式来吸引员工主动了解安全、参与安全管理，真正实现企业安全人人有责。

从事故防范措施看：

需要开展钻修井设备设施检查，规范现场，确保设备设施本质安全。各钻修井公司立即整改二层平台存在的设备设施隐患，包括安全带低挂高用、绞车卷筒裸露、操作手柄无防碰和回位装置等隐患；立即对二层平台设备安装位置不合理、工器具摆放不规范的问题进行整改，确保人员操作区域和安全通道通畅；立即修订完善涉及二层平台相关作业的操作规程，全面仔细辨识作业风险。各属地单位监督辖区内各钻修井队伍整改情况。工程技术管理部门立即牵头组织一次钻井队、修井队设备大检查专项活动，彻查设备低老坏、管理不到位问题，提升本质安全水平。

需要工程技术管理部门重新修订油田钻井队、修井队安全准入检查清单；重新修订钻井队、修井队现场人员倒班指导意见；全面梳理和重新编制钻井队、修井队人员配备和人员能力要求。负责检查指导重新梳理完善钻井队、修井队各岗位的操作规程，各岗位的风险识别及防范措施。修订油田工程监督管理办法，进一步明确工程监督的职责和管理考核要求。

需要加强承包商管理，扎实开展"大讨论、大反思、大排查、大整改"活动，主要对设备进行检查评估、人员进行能力评估，对承包商员工进行操作规程检查，对所查出的隐患进行治理销项，做到闭环管理。对承包商每一项重要施工作业，甲方人员必须到场监督，发现违章违规作业一律叫停、严肃整改。

需要建立全员 HSE 任务清单，认真梳理各岗位 HSE 职责，对岗位风险再排查再辨识，修订完善属地管理手册，强化岗位履职尽责，确保属地管理手册培训和执行到位，确保现场安全管控无盲区、无漏洞，安全责任落地。

需要全面启动钻修井队基层站队标准化建设，统一标准，严格验收，逐步达标，规范管理。

■ 学习启思 »»

未来的安全管理必将使用全面系统的观点，预防为主的观念，持续改进的管理方式，实现从危机管理到问题管理再到风险管理的转变。

在工作思路上，实现从事故驱动型管理转变为风险驱动型管理。从以关注事故为主、"亡羊补牢"式的传统安全管理转变为现代的、预防型的事件分析、危害辨识、隐患控制管理。把工作重心由过去偏重处置"已经发生的问题"转变为重在监控好"可能出现的风险"。通过分层分级的风险识别和风险管控，变传统的被动、辅助、滞后的安全管理为现代的主动、主导、超前的安全管理，转变以往对"可能出现的问题"感知不够灵敏、调整不够及时、措施不够前瞻的被动局面，由抓结果、抓追究、抓事后处理向更加注重抓源头、抓过程、抓事前问责延伸，建立对事故成因的有效监控和管理手段，提升安全工作超前性，真正体现预防为主。

在工作方法上，实现单因素的就事论事为多因致果的系统管理。任何一个领域、行业、地方、单位、个人的任何活动实际上都包含着安全的要素，而从事故来看，其酿成的原因也极为复杂，是广泛联系和相互作用的。因此，每次事故都是某种系统失效的征兆，点上出现问题，必须要从系统上找原因，而不能简单归结为物理故障或人员失误。安全生产工作内容有技术方面的管理，也包括行为方面的控制，要更多运用系统的方法解决深层次的问题而不是就事论事，由单一抓手段、重人防向更加注重信息化、自动化和专业化管理延伸，彻底改变以往事故发生后所采取的"一事一治"的处置方式及"打补丁式"的防范措施，整体上提升安全管理的系统性。

在工作重心上，实现从片面的检查监督向综合的指导培训转变。按照"管工作必须管安全"的原则，切实发挥各级业务部门在安全管理方面的主体作用，推动直线责任、风险管控和隐患治理等更直接地融入业务流程，通过全面开展安全履职能力评估等工作，进一步提高直线部门的安全履职意识和安全履职能力。让安全监管部门实现从裁判到教练的回归，充当管理层的顾问，为操作层提供安全咨询，为直线组织协调各项安全事务，解释标准和安全规章制度，把更多精力放到风险预控体系，应急保障体系、事故管理体系三大体系的建立上来，实现安全部门职能定位和工作重点的深度改变。

在工作模式上，实现从外迫型安全管理为内激型的安全管理。安全问题应该是职工本能的内在需要，不是被强迫接受的一项硬性指标。要通过多种形式，充分发挥安全文化的导向、激励、凝聚和规范功能，进一步激发员工内在的责任感，启发员工能动的自觉性，引导"从全员参与向全员主动执行"过程的转变，每名员工都把制度约束升华为一种职业安全道德，从观念上、行为上给予认同和接受，自动自发地将安全思想融入到具体的工作步骤，形成"不能违章、不敢违章、不想违章"的自我管理和自我约束机制。

■ 学习延展 »

安全风险预控，就是要突出风险辨识、风险分析、风险评价，及时发现并准确研判安全风险，实施对安全风险的科学管控和有效处理，强化过程控制，防止事故发生。依据风险管理的分类、分级、分层、分专业的"四分管控"原则进行风险评级，通过实施差异化的风险监管，着力构建以风险管控为核心，以"超前预防、权责清晰、措施有力、预警及时"为标志的安全环保风险防控体系，形成"分层分级、各有侧重、上下衔接、逐级负责"的立体化防控机制，在全系统形成"有生产就有风险，防风险就是保安全"的良好氛围，逐步建立完善群防群控、共建共享安全风险防控长效机制。

一是分层管理。根据企业性质、安全基础条件和危险有害因素等实际情况，对企业安全风险进行分类分级管理。分系统、分层次明确各领域、各类型 A、B、C 三个级别风险概况，制订控制风险和消除风险的措施，并按照"逐级负责、专业负责、分工负责、岗位负责"的要求，明确上级公司、企业、分厂、车间、岗位等不同层级的安全风险，把风险责任和风险措施落到各层级、各专业、各工种、各岗位，建立各级安全风险防控一览表，使全系统职工都能做到"知风险、防风险、化风险和控风险"。

二是分级防控。在对企业风险进行分类分层的基础上，按照"按类分级、依级监管"的原则，加强对高风险领域、环节和岗位的掌控，进一步提高安全监管的针对性和有效性，并针对不同情况的风险，采取相应的预防措施和控制措施，从而使风险降低并达到可以接受的程度，实现对安全风险全过程、动态化、重预防的管理。

在建立完善HSE五级风险防控体系过程中要紧紧把握以下三个原则：

一是突出"预防为主"，牢牢抓住"风险管理与控制"这个安全生产的切入点，从风险源点的确定、监控网络的建立，到整改、评估机制的配套，形成一套完善的安全风险控制方法。

二是突出全员参与，致力群防群控，形成生产安全共建共享机制，使广大职工真正成为安全生产的参与者、安全环境的建设者、安全文化的实践者，实现安全生产全员、全方位、全过程管理。

三是突出现场管理，注重规范提升，着力实现风险控制点的规范化管理，形成完整的HSE五级风险防控体系。

需要建立以下四项配套机制：

风险评估科学化。风险评估是一项基础性工作，也是安全风险防控管理工作的关键环节，必须紧密结合本公司、企业、车间和岗位的实际，突出重点，在"准"字上下功夫。通过危险与可操作性分析、事件树分析等多种有效手段，采取自上而下和自下而上相结合等多种办法，有选择、有重点地查找出安全风险点，按风险发生概率、危害损失程度进行评估后确定风险等级，全面揭示各岗位、各作业环节、各危险领域存在的安全风险，使干部职工准确掌握安全风险的分布情况和严重程度，推进上下互动、分层分级管控和信息共享。

预警防范有形化。要从管理流程出发，梳理确定各个风险监控指标和各类重要风险信息，研究建立重大风险预警指标体系和动态预警机制，确保各层级能够及时全面掌握生产过程中本单位、本部门的风险控制点。对重大风险建立预警模型，强化风险预警和应对，这方面有的油田已经进行了有益探索。同时，针对公司重要风险源和风险点，形成上级公司全系统的安全风险数据库。通过完善安全风险数据库，编制安全风险控制手册，形成安全风险控制表，制作安全风险提示图，建立安全风险管理互动平台，逐渐形成并完善安全风险管理的"五个载体"，实现对安全风险预警防范的有形化管理。

日常监管动态化。进一步落实安全风险分级管控制度，把风险责任和风险措施落到各层级、各专业、各工种和各岗位，明确监控责任人，实现对现场作业的有效控制。突出风险监管的动态管理，定期评审或检查风险控制结果，对风险信息应及时进行更新。依据监督检查、体系审核等日常监管工作掌握的实际情况，每年定期对全系统的安全风险等级进行一次调整，实行升降级制度，结合季节性安全风险重点进行动态研判，遇到节假日或特殊时期实行提级控制，以此保持企业风险等级动态，真实反映企业现时风险等级水平，防止出现风险评级终身制。

措施保障制度化。根据风险评价的结果，有针对性地提出防控措施，编制应急预案，组织职工开展应急演练，分层确定优先控制的顺序，达到有预警、有预案、有措施、有方案、有动态改进机制。制订防控措施时，首先要针对已经确定的主要风险点，制订"一对一"的防控措施，有一个风险点，就要有一条相对应的防控措施。二是防控措施要具体管用，具有很强的针对性和可操作性，不能是常规性的管理改善。三是防控措施制订后，要对从业人员进行宣传、培训，使其熟悉工作岗位和作业环境中的风险及所应采取的控制措施，具备安全生产和岗位监控的能力，并对在监控过程中及时采取有效措施、制止和避免事故发生的职工给予奖励。

建立完善 HSE 五级风险防控体系是一个渐进的过程，需要在实践中不断地去加以改进和完善。要以此为契机，研究建立利于风险发现和预防的制度、规则、标准、运行机制与程序，逐步建立"自下而上查找风险、确定风险优先顺序、制订年度防范计划、推进结果及时反映到下一年度计划中"的风险管理运行程序，完善涵盖风险管理基本流程和内部控制系统各环节的风险管理信息系统，以此实现对安全风险点的有效卡控，逐步形成以工作岗位为点、工作流程为线、监管制度为面的安全风险防控体系。

第五章 学习借鉴优秀实践

学习优秀的事故管理实践，就必须对上报的事故事件进行分类，定时定量地进行分析，找出其潜在的规律。通过这种典型的、有代表性的事件分析，形成一个风险预警的曲线。实现对风险管控从无形到有形、从抽象到具体的转变。

1　杜邦公司事故管理实践

2　石油企业事故管理实践

1 杜邦公司事故管理实践 　>>>

事故管理的意义在于弄清并消除事故的关键因素，从而预防类似的关键因素引起更多或更大的事故。其工作的重点是搜集信息，分享事故经验，帮助其他人识别风险因素，避免在类似情况下风险再次发生。

有效的事故管理有助于安全体系和业绩的持续改进。这种持续的改进通过下列途径来实现：找到预防事故复发的措施并落实实施。促进对事故的交流和理解，形成一种开诚布公的氛围。展示承诺和有感领导的方法。识别可能导致类似事故发生的关键因素，提供广泛分享这种信息的机会。为安全方针、程序、指南和标准的建立和改进提供建议。

发现关键因素，但并非要找出导致事故发生的准确因果关系，事故管理的目的是从已经发生的事故中最大程度地吸取经验教训，发现并弄清事故的关键因素，进而采取措施消除这些关键因素，预防类似关键因素导致更多或更大的事故再次发生。

关键因素指那些导致或可能导致了事故发生的因素。有时尽管没有发现明显的因果关系，但根据逻辑和常识，判断可能为导致了事故发生的因素。这些因素可以包括存在缺陷或有待改进的人员、设备或管理体系。阐述如下：

物理因素：与事故相关的设备失效或设施失效。

人员行为因素：可能与事故直接相关的人员的失误、疏忽或不能明确判定为错误的决策。

系统因素：导致事故发生的管理系统缺陷（如培训、交流、程序、责任或审核等）。

下面列举一些关键因素的例子：

——富有经验且受过培训的操作员没有正确遵守操作程序（人员行为因素）。

——从事危险作业时，个人防护用品使用不当（人员行为因素）。

——进行高危作业任务之前，没有对任务的危害进行评估（人员行为因素）。

——消防水泵轴承损坏，发生火灾时消防水泵无法使用（物理因素）。

——水泵轴承没有列入现场预防性或预先保养计划（系统因素）。

——现有操作员培训计划中没有包括非常规工作的操作程序（系统因素）。

——评价个人岗位适宜性的过程不当（系统因素）。

需要强调的是，发现关键因素并非要找出导致事故发生的准确因果关系。

因此，在杜邦公司的实践中，并不主张将关键因素标注为原因或根本原因。这主要是因为：

（1）在任何事故发生后的调查中，要准确识别真正的因果关系本身就存在困难。

（2）在民事法庭上，对确切因果关系的评价和责任追究是人们关心的重点，从而容易将事故调查的重点从查明原因转移到追究责任上来。

责任追究不是事故管理的目的。在杜邦公司，事故管理的目的是查明事故背后的关键因素，进而从事故中学习经验教训，并改进管理系统。

为了在具体的实践中强化和落实上面的管理理念，杜邦公司将事故调查和责任追究截然分开，在杜邦公司的事故管理标准中，没有责任追究的内容。纪律处分（责任追究）和事故调查是完全不同的两个管理程序，其归属部门也不一样。一般地，纪律处分由人事部门来处理，独立于事故调查程序。

杜邦公司非常慎重地对待事故中的责任追究。公司大多数情况下不会由于某一个具体的事故而"处理"相关人员。一些事故中涉及的员工主观故意违反公司 LSR（保命条款）的情形，公司会谨慎地评估，如果评估结果达到或超过了"处理"的标准，则会启动纪律处分程序。在实践中，杜邦公司的一些基层公司对这种情况下的评估标准制定了具体的细则。只有在一起事故中员工有较大的主观故意性，同时事故也有较大的后果或潜在后果时，才会启动纪律处分程序。

然而，需要指出的是，发生事故后，杜邦公司相应的管理层会因为在其管理的属地内或管辖权限内发生承包商事故而受到业绩、职业发展等方面的负面影响，严重情况下会导致离职。这种影响属于公司激励的管理范畴，是一种负激励形式，是从结果上来评判的（杜邦公司要求事故的管理目标是零），它虽然与事故相关，但不属于事故责任处罚。不管事故调查的原因如何，只要发生事故，管理层都会受到业绩上的负激励。

如果事故调查后，发现杜邦公司的雇员（包括管理层和一线员工）有违章、违法或渎职等行为存在，事故调查组会将这些情况如实报告给人力资源部门，由人力资源部门来考量处理。这是纪律负激励的管理范畴，事故调查组不会就负激励方式提出任何建议。如果事故调查后，没有发现违章、违纪或渎职等行为，那么就没有人会受到纪律方面的负激励。

虽然以上两种情况都是由于事故引起的负激励，但通过做法上的严格界定，杜邦公司将其区分开来，一类是因为事故管理的绩效而受到的绩效负激励；另一类是违章、违纪或渎职等行为受到的负激励。事实上，不论是否和事故相关联，这类行为都会受到负激励。

1）在总公司层面制定了统一细化的政策与标准

杜邦公司的事故管理主要由四个企业标准来规范：《安全、健康与环境事故管理》《安全、工艺安全、消防、运输和环境事故的分类和报告》《非工作时间事故管理和报告》《工伤与职业病管理》。这些都是在杜邦公司安全规程和安全承诺的要求和指导下编制出来的。这四个企业标准中规定了开展事故管理的理念与原则、事故的定义和分类分级、事故管理的流程等。

《安全、健康与环境事故管理》用来规范杜邦公司事故管理工作。这个标准旨在为安全、健康和环境事故管理提供一种系统彻底的方法。

《安全、工艺安全、消防、运输和环境事故的分类和报告》

对安全、工艺安全、消防、运输和环境事故及环境偏差的分类和报告提供了强制性要求和指导性意见。

《非工作时间事故管理和报告》对杜邦公司的员工在非工作时间所遇到的事故的调查和报告提出了最低强制性要求和建议性指导。

《工伤与职业病管理》对杜邦公司的员工、承包商、承包商员工和到访者所发生的、与工作有关的受伤和患病事故规定了相应的管理要求。

杜邦公司的基层企业只是对以上企业标准给予完善，符合当地国家和政府的法律法规要求，且在具体执行上能够更符合其业务特点。

2）在总公司层面进行了严格的分类与分级管理

杜邦公司在总公司层面清晰地定义了事故，并进行了严格的分类与分级管理。对事故的定义是：一件事情发生了，这件事情不在计划之中或者出乎意料，并且造成了不希望的后果；或者尽管没有造成实际的不良后果，但依据常识和经验判断极有可能造成不希望的后果，比如对人员、财产、环境或业务负面影响，这些事情统称为事故。

杜邦公司把事故分成了六类，并对每个类别进行分级。

3）在事故管理的组织与职责中贯彻直线负责制

在事故管理中，杜邦公司坚持直线负责的原则。各个事业部、区域和职能部门的直线管理者负责落实和执行公司的管理标准。直线管理者应该通过领导和承诺建立起有效的落实事故管理程序的基础。这样的工作包括：

（1）创造相互信任、相互尊重的氛围，让事故报告和调查工作能够开诚布公地进行。

（2）保障事故管理所需的资源。

（3）建立体系和程序。

（4）开展审核和监督，确保事故管理流程有效运转。

（5）亲自参与一些事故调查。

（6）对调查的结果进行交流。

（7）检查调查团队给出的建议是否得到有效落实。

涉及事故管理整个流程的岗位或部门包括：员工个人、基层单位安全专员、基层单位直线经理、人力资源部门、区域或事业部、安全卓越中心等。

4）通过开展有效培训确保员工能够识别事故

受过良好培训的合格的员工是有效开展事故管理的保证。公司开展定期的培训，帮助员工和管理层掌握相应的事故管理的能力。培训应该包括国家与事故管理相关的法律法规、公司与事故管理相关的政策、标准和程序指南，以及一些必要的工具技术等。目标是使员工具备事故管理的相应能力，包括：

（1）事故的定义、识别和分类分级。

（2）事故报告的流程、程序和报告对象。

（3）收集和保护证据。

（4）访谈技能。

（5）理解并使用"为什么树（Why-Tree）"。

（6）撰写建议和报告。

（7）使用 ITS 等软件。

通过培训要达到的管理目标是：所有员工都要具备识别事故的能力，以便能够辨识事故并及时报告所发生的或怀疑发生的任何事故；直线经理和安全专业人员都要具备事故管理的能力；每个基层单位有至少一名熟悉事故管理流程和事故调查流程的专家，作为事故管理的关键人员。

5）管理工具与技术帮助和改进事故管理效率

必要的管理工具与技术可以帮助改进事故管理的效率和效果。在事故管理方面，杜邦公司主要有三个软件系统帮助管理层管理事故：

（1）事故跟踪系统（ITS）：将发生的事故记录、汇总、分析的软件工具。

（2）DINS：追踪运输事故的软件工具。

（3）MITC：帮助管理层落实事故整改措施的工具。

公司还采用"为什么树（Why-Tree）"帮助开展事故调查，系统地分析事故发生的关键因素。此外还采用初始报告表单、事故调查检查清单与事故调查报告表单等简明易懂的管理工具，帮助管理者提升事故管理的效率和效果。

6）杜邦公司事故管理流程

由于知识和能力的局限性，公司只能对发现的事故进行管理。也就是说，如何发现事故就是事故管理的起点。发现事故后，现场必须做出初始反应，需要启动应急反应程序的应该立即启动应急反应程序。发现事故后，现场人员应该在合理的时间内报告发生的事情。接受报告的基层单位管理层对事故分级分类，并做出是否启动全面调查的决策。

需要启动全面调查的，应迅速启动调查程序。所有事故都要记录到"事故跟踪系统（ITS）"中，汇总分析所有事故，分析趋势，发现共性，为管理层决策提供依据。杜邦公司要求：所有事故都要报告；一旦发现事故，就要立刻开展调查（不一定是全面调查，如果不开展全面调查，就在现场层面管理和跟踪）。

（1）发现事故。这不是事故管理流程的第一步，而是启动事故管理的起点。

杜邦公司发现事故的方式总结起来主要有员工主动报告和审核两种。杜邦公司要求员工必须立即通过现场直线组织报告所有事故。杜邦公司对于事故的定义和解释说明得非常详细具体并且对员工培训，其目的只有一个，就是让员工能够清楚地知道什么样的事情是公司定义的事故。一旦员工认为发生了事故，必须主动向现场主管报告。

日常工作中的巡视、巡检、观察、审核等活动也是发现事故的方式，能够帮助员工发现一些他们自己没有发现的事故。

在这些活动的开展中，一旦一个发现项被认为有可能是事故，发现者就要向属地的管理层报告，管理层经过评估后，认为是事故的就要启动事故管理流程。比如在审核过程中发现某操作没有执行挂签上锁（LTCT）程序，那么就要按照发生了事故来管理，因为在杜邦公司的标准中，LTCT是保命条款。

一旦在调查中发现，这样的事故中存在故意瞒报（员工发现事故后存在主观故意不报告的情况）的事实，就会再启动另外一个流程——"违反核心价值"的调查流程，这是"核心价值事故"。

（2）初始响应。初始响应首先要考虑的头等事情是人员和周围社区的安全。一旦发现了事故，要立即采取措施尽最大可能保护人员不受伤害或尽最大可能减少对人员的伤害。

属地主管也必须采取措施，保护实物、计算机数据和其他相关资料。应当采取以下措施：隔离保护现场，包括采取措施使现场不受天气影响；收集、识别并适当保存实物和数据记录；根据需要，对事故现场和设备进行拍照；记录对关键人员的访问。

如果事故涉及死亡、严重人员损伤或重大环境或场外影响，属地就会：

——立即报告直线管理人员。

——考虑启动属地、企业、事业部、区域或公司应急预案。

——如果需要的话，区域／属地应该继续向上报告。

（3）初始报告。属地主管或现场管理层接到报告后，要对事故进行初步的分类分级。然后将需要继续上报的事故报告给相应的管理机构。根据事故的类别和级别，杜邦公司有详细的报告规定。比如对于所有的A类事故及事件相关的损工事故，杜邦公司要求在分类后24h内报告给首席执行官、相关地区、事业部和职能部门管理层及安全卓越中心。

公司有统一格式的初始报告便于分类和统计。

（4）启动全面事故调查。属地主管或基层单位管理层收到事故报告后，要最快地做出一个判断，即对于发生的该起事故是否需要开展全面调查。每个基层企业都要根据自己的管理需要，明确指出哪些事故需要进行全面调查，并确保所有员工理解和执行。但对于那些被认为不需要开展全面调查的事故，也应在属地层面上管理和跟踪。原则上，属地的执行标准不低于公司标准。

杜邦公司总部要求必须开展全面调查的事故包括：杜邦公司和承包商的可以记录伤害和与事件相关的疾病、A类和B类工艺安全、环境、火灾和运输事故。

属地主管如果判断一个事故需要开展全面调查，那么就会启动全面调查程序，一般有9个步骤：组成调查组；确定事实；确定关键因素；确定需要加强的系统；提出纠正和预防措施；记录调查结果；交流调查结果；追踪并落实建议；记录与汇总。

对以上9个步骤，分别简要说明如下：

（1）组成调查组。属地主管必须指派称职的人员加入调查组。杜邦公司的调查组一般由直线经理领导并吸纳各个方面的专家，比如人员伤害要有综合健康服务专家、职业健康专家、人机工程学专家、人力资源专家、风险管理专家等。对于工艺事故要有工艺危害专家等。调查组中应该至少有一人熟悉事故管理或接受过事故管理培训，调查组中应尽可能包含现场从事类似工作的员工和直接主管。安全专业人员不是必须要参加调查。

组长非常关键，一般由属地主管担任，他要能有效完成下列任务：

——管理调查组活动，开展全面及时的调查。

——发现合适的调查组成员，确保他们积极参与调查活动。

——召开并主持会议。

——向管理层汇报调查进展。

——审核、核实最终报告的完整性、准确性和客观性。

一般情况下，事故调查由事故发生属地的直线主管（比如车间主任、生产经理等）来启动并领导，如果基层企业领导（比如工厂厂长）受到邀请，也可以参加，但不一定要担任调查小组组长。

对于涉及死亡、严重损伤、重大财产损坏或重大环境影响的重大事故，调查组组长客观行事、不掺杂个人情绪和偏见显得尤为重要。在这种情况下，一般选派直线机构中的高级管理人员（比如基层企业总经理），该人员和事故发生的属地没有过密的交往。

（2）确定事实。下面列举一些需要在事故现场开展的主要工作，实际工作要更多。

——在事故现场彻底检查并保护实物。比如但不限于以下工作：对溢出物、蒸气、残留物和其他相关物质进行取样。通过照片、录像、现场草图、抛射图和其他图示方法，保存准确的场景描述等。

　　——询问目睹或直接了解事故情况的个人，获得现场信息。开展更大范围的访谈。访谈应该单独秘密进行，使一个证人的言论不会影响他人。访谈应当分别形成文件并由受访人确认。如果可能的话，使用录音或录像。

　　——根据上述或其他信息，排列出事故发生之前、中间或之后的事件顺序，以及识别那些偏离正常的情况或状况，无论这些情况看起来多么微不足道。

　　——将所有事实资料记录在案，以便需要时进一步审核、调查和报告等。

　　（3）确定关键因素。既要找出比较直接的人员行为、设备问题，也要找出管理系统的问题。"为什么树"是杜邦公司常用的方法之一。采用这种规范的方法可以避免得出草率的结论。即使在原因看起来似乎很清楚的情况下，也要坚持如此。

　　应该将事故管理看作是提高管理水平的机会，而不是追究责任。

　　（4）确定需要加强的系统。不停留在已经识别出的关键因素，是杜邦公司事故调查的一个特色。从已经识别出的关键因素进一步识别需要加强的管理系统，以帮助防止事故复发，并能得以进行趋势分析和持续改进。

　　比如发现缺乏适当的作业准则是事故发生的关键因素之一，那么就应该根据杜邦公司安全标准《工艺安全管理》的要求，在报告中表述该作业准则的特征。如果发现员工违章是事故的关键因素，那么就要寻找导致员工违章的深层次原因，诸如：有没有接受培训，最近有没有重大情绪变化，有没有过度劳累，规章有没有不合理等。

（5）提出纠正和预防措施。为每个关键因素至少提出一项改进和整改措施建议。杜邦公司的实践中发现以下三项非常关键，后两项尤其不能省略。

——清楚表述建议，不能采用笼统的套话。

——列出负责实施人员的姓名、职位。

——完成日期。

如果涉及重新开工，还要清楚地建议重新开工应具备的条件。

（6）记录调查结果。调查组撰写事故调查报告。杜邦公司的事故调查报告一般不用现场或属地的专用词汇，以使和受害区域无直接关系的人员也能明白。报告中有事故调查组成员名单和签名。还要建议该事故调查报告的交流范围。

"为什么树"分析的结果作为附件附在事故调查报告之后。

公司有一个统一的事故调查报告的基本格式供调查组撰写调查报告。

（7）交流事故调查结果。交流事故调查结果可以使经验教训在更大范围内发挥作用，防止事故复发。调查报告由分委会审核后，确定发布范围，由安全部门发布交流。

杜邦公司主要有两类交流：

——工厂内交流：给事故有关人员审阅，包括受害地区的员工、承包商及工作任务和与事故调查结果有关的人员。必要时将调查结果通报工厂内的其他作业团队。保留交流的记录文件，包括交流的日期、交流的方式、接受信息交流的个人姓名等。

　　——工厂外交流：所有重大安全事故通过事业部或地区安全经理进行分享，并且在适当的情况下还可以通过有关网络进行分享，以便其他基层单位能够从调查结果和教训中受益。

　　（8）追踪并落实建议。属地主管负责对报告中的每一项建议落实实施。每个属地都必须建立相应的程序来落实报告中提出的建议。属地定期向公司管理者提供进展报告，直到所有建议得到有效落实。

　　针对每一项建议，已经采取的措施必须形成文件，文件中要具体说明为了满足建议要求所采取的措施。属地主管要确认所完成的任务满足了建议的意图。对纠正措施实施情况和效果进行考查。属地主管也可以拒绝某项建议。但必须以书面形式，根据充分的有记录的资料或分析来说明原因，比如存在下列一种或多种情况：

　　——该建议所依据的分析存在重大事实偏差。

　　——属地并不需要该建议来保护公司员工、承包商员工和社区的健康安全。

　　——采用其他措施也可以提供足够水平的保护。

　　——该建议不可行（这种情况下，应该提出其他建议）。

　　该文件必须作为调查正式记录的一部分予以保存。

　　（9）记录与汇总。所有事故都要在规定的时间内按照要求记录在杜邦公司的"事故跟踪系统（ITS）"中。该系统能够进行统计分析，发现事故发生的趋势、规律，并以图表和报告的方式定期向各级管理层提供数据。比如给出在某一个时间段内高发的事故类型是什么。各级管理层可以根据数据做出管理决策。这样使得安全的管理决策更为科学、准确和有针对性，保证了管理绩效的持续改进。

7）承包商的事故管理

杜邦公司承包商事故管理的原则是：分别统计、同等对待。

（1）分别统计：在杜邦公司的事故统计系统中，如果是承包商的人员受伤或死亡，要求统计在承包商事故项中。

（2）同等对待：事故调查、原因分析、整改措施等环节中，采用杜邦公司统一的管理办法和原则，不会因为归属为承包商事故而有所不同。

如果事故调查后，发现主要由承包商的原因引起的事故，则承包商会受到杜邦公司的处罚，这种处罚一般遵循双方事先约定的方式方法，严重的可能取消该承包商的资格。

即使是由承包商原因引起的事故，杜邦公司的相应管理层也会因为在其管理的属地内或管辖权限内发生承包商事故而受到业绩、职业发展等方面的负面影响，严重情况下会导致离职。这虽然与事故相关，但不属于事故责任处罚。

如果事故调查后，发现杜邦公司的员工有违章、违法或渎职等行为存在，事故调查组会将这些情况如实报告给人力资源部门，由人力资源部门来考量处理。

如果事故造成的后果严重到政府等权力机关介入，杜邦公司遵从这些机关作出的结论，包括责任界定。

但该类结论不会影响杜邦公司内部管理流程的改进，因为双方调查和管理的视角与出发点存在不同。杜邦公司事故的管理视角是找到可能的关键因素，通过改进这些管理因素预防类似因素引起更多或更严重的事故。

　　杜邦公司的实践做法也符合当前的惯例。在工程项目中，承包商发生的任何可记录事故都会记录到承包商和建设单位的事故统计中，甚至也会记录到占主要股份的母公司的事故统计中。在承包商事故发生后，一般承包商承担主要责任，因为承包商都是有足够经验的承包商；业主会承担一定的管理责任，例如是否对承包商进行了资质审查，是否投入了足够的安全措施费用，是否对承包商安全管理进行了监督等。

　　虽然政府在责任划分上一般将主要责任划分给承包商，但是跟踪最近几起国际事故案例发现，如果企业消极回避责任，会带来社会舆论的巨大压力。如英国石油公司钻井平台事故，当爆炸事故发生后，英国石油公司时任总裁海沃德曾表示，钻井平台是英国石油公司向瑞士越洋钻探公司租赁来的，英国石油公司不应该承担全部责任。但此后无论是美国政府、有关受害者都依然认定英国石油公司有不可推卸的重大责任。

　　所以，业主（甲方）通常采用积极的态度来主动承担责任、面对公众，以消除因公关危机所造成的影响。比如，石油石化企业上级公司要求内部甲方积极承担承包商事故责任的做法具有进步意义，这是一种居安思危、具有长远战略眼光的智慧的做法，能够前瞻性地处理可能因事故引起的公关危机。

　　8）杜邦公司事故管理主要结论

　　有效地开展事故工作需要以下几个方面的卓越实践：

（1）建立有效运行的事故管理的组织，并清晰地承担相应的职责。

（2）制订完善的事故定义、分类分级、报告、调查和改进程序。

（3）对管理团队开展事故管理的培训，特别是保有一定数量的有经验的事故调查专家，能够随时组成事故调查小组。

（4）使用统一的、系统化的管理工具、表单和事故调查与分析工具与方法，避免因个人的经验或喜好，用不同的方法进行事故管理。

事故管理的基础是事故的分类统计与报告。必须确保所有的事故都能报告和汇总统计，杜邦公司尤其重视对于未遂事件的统计和调查。

事故管理的核心是事故调查。每一起事故都要调查。邀请事故当事人参与事故调查，以恰当的方式与证人和事故当事人面谈，避免查找"责任"的倾向等方法有助于事故调查的开展。威胁式的调查方式会损害调查的效果。

事故调查的目的是弄清事故的关键因素，从而为预防事故再次发生找到改进措施。杜邦公司认为，每次事故都是某种系统失效的征兆，而不能简单归结为物理故障或人员失误。

事故发生很少是某个单一因素或行为单独作用的结果，事故调查应该遵循规范的逻辑方法来识别与系统有关的关键因素。

事故管理的目的是改进和完善。职能部门（即作业、技术和维护部门）内部或部门之间的协同努力是调查、分析并最终预防事故的关键。广泛的交流和沟通是将来预防类似事故最为有效的方法。一个改进评价和监测团队有助于落实和提升改进的效果。

2 石油企业事故管理实践 »

1）通过多种方式鼓励事故事件的报告

事故管理的基础是事故的分类统计与报告，必须确保所有的事故都能够报告和汇总统计。石油企业的一些单位通过一系列的提升工作，基层人员事故事件原因分析能力和上报事故事件的积极性有了很大程度的提高。

基层单位鼓励对于事故事件的记录和上报，并开展有效的调查和管理工作。某单位记录并上报了禁止打手机区域内响起了手机铃声这样的事件，某单位记录并上报了高空作业不系安全带的事件等。

基层单位有事故事件的统计报表，比如某公司设备科正在推行用"事故信息反馈表"来收集事故和故障。某单位推行的"机关工作人员现场出差安全必检制"都能带上来一线的事故事件信息。

对于引起后果的事故和事件，一般都能上报，因为这些事件涉及医疗和设备损毁等可记录后果。对于大多数没有引起后果的事件，还不能得到及时准确全面的报告。对此一些基层单位也正在推行奖励措施鼓励员工积极报告未遂事件和隐患。

2）对"小"事件也能开展调查

重视对于未遂事件的统计和调查。基层单位对于一些小事件和未遂事件也能展开调查，并利用班前会、班后会、安全经验分享等方式在本单位内交流经验。某单位安全主管对一起"打开的窗子碰破头"的事故开展了调查并告知作业队注意安全。某单位对厨师切破手指也开展调查和原因分析。这些工作，尤其是在基层对于小事故事件的调查，作为有感领导的一部分，起到了强化安全意识的作用，由于小事件基本上不涉及人员责任追究和处罚，还原了事故调查的真相，是非常好的管理实践。

在对轻微事件的管理方面，理顺了属地责任，规范了事件上报、调查分析、报告、整改落实等措施。通过加强轻微伤害事件管理等方面来提升 HSE 事故／事件管理的有效性。比如某单位在统计、分析百万工时重大安全隐患中发现了问题，并有针对性地采取了措施。

3）积极开展经验分享，共享事故资源

各级单位能够对事故进行广泛的宣传，对于公司的所有管理层和员工，当询问他们公司的一起事故的发生原因时，都能够准确回答出。比如某公司下属的井下公司的受访者都知道"6·10"事故及其直接的原因是"驾驶员违反交通法规，选择错误方向会车"。一些受访者还能够结合本岗位的实际，举一反三地吸取事故的经验教训。比如，某井下公司的员工提到为了防止误操作，将一些设备的标签做大一些，通过落实可视化管理来防止误操作。某机械厂一车间在学习"4·22"事故教训后，针对自己车间的吊装作业，专门规范了指挥人员的指挥手势，将以前每个人根据自己的喜好使用的手势规范为表示上、下、左、右的四个手势。通过这种标准化工作，来预防工作中的误操作。

某石化公司每周都回顾上周的未遂事故和事件，分享重要的经验和教训，加强重大事故的培训和宣传。

企业集团层面也会到下属企业召开事故现场会，分析事故发生的原因，广泛地分享事故的经验教训，将事故当作资源，最大化发挥其警示作用，并从中总结提高安全管理经验和水平。

通过这些卓有成效的工作，建立了多种沟通渠道，广大员工能够及时地分享宝贵的事故事件资源，进一步对程序和流程进行完善，弥补了管理缺陷，避免了同类事故，防止和减少了更大级别的事故发生。

4）应用事故原因分析树，查找根本原因

开始有意识地在事故与事件的调查中学习和采用结构化的方法如（"为什么树"）来突出事故根本原因分析，如"4·22"事故的调查。一些单位在学习使用"为什么树"分析方法的同时，结合本单位的管理经验，形成了有特色的事故原因分析树，并在公司范围内全面推广。

5）圈闭整改，达到举一反三的目的，实现管理升级

　　某单位制订了事故事件圈闭整改管理办法，实现了事故事件管理的 PDCA 循环。通过一个事件实现管理标准和管理制度的完善，实现管理的升级。举例来说，发生事故后，成立包括作业队队长、当事人、项目部经理、主管部门、安全部门等在内的调查组，查找原因，制订防范措施，制订的防范措施要经过主管领导确认。指定作业队、项目部和公司三级责任人负责落实整改措施，限定落实整改时限。达到时限后，由事故调查小组来评估整改效果是否达到预期目标。如果达到效果，签字确认圈闭，并适当奖励；反之，则分析没有达到效果的原因，重新整改，直至圈闭。在年底公司会议上，将从事故中取得的管理经验固化为公司响应的管理制度，进而达到规章制度的升级和完善，实现通过事故学习提高的管理目的。

　　来自基层单位的一个重要经验是，高层领导介入的事故调查，得到的重视程度要高，其后续的整个措施也更加具体、具有更高的可操作性。比如"4·22"事故后，对应公司详细列出了 32 项要整改的工作，制订了工作计划和每一项整改的具体负责人。

第六章 分析原因寻找差距

　　石油企业如何找到管理路径，既能够满足政府的监管要求，又能够实现企业内部基于改进管理目的的目标。挑战在于管理者如何跳出该管理困局。改进的关键在于转变观念，提高认识，开创性地寻求解决办法。

　　1　石油企业事故管理的现状与差距
　　2　从深层次分析原因并寻求管理突破

.1 石油企业事故管理的现状与差距　»

石油石化企业在事故管理上主要有以下6个方面需要进一步改进：

（1）追究责任演变成了事故调查的主要目的。

（2）事故管理的职责还不够清晰，有些职责存在着交叉。

（3）事故（包括隐患与未遂）不能够全部被报告。

（4）事故调查的原因挖掘不到系统的深层次。

（5）整改措施不够具体，也没有得到充分落实。

（6）缺乏必要的监管措施来评估整改效果。

究其根本原因，可以深溯到核心价值上的问题，对"四不放过"的理解不到位和落实上的偏差，造成了在事故管理中侧重了责任追究，弱化了对系统原因的探寻和改进，因而没有能够达到"举一反三"的事故管理目的。

对于责任追究的强调，在事故管理的各个环节造成了管理上的不畅——事故不能报告上来。尤其对于能够以最小的代价获得最大的学习效果的"小事故"不能主动报告上来，使管理层和公司失去了"投入产出比最大"的学习机会。

由于对责任追究的意义理解不准确，事故调查往往着眼于寻找责任人，事故的关键因素分析也常常千篇一律地落到"误操作"等人为差错的层面。管理层对于人为差错缺乏深刻认知（人为差错也只是某些系统失效的症状，而不是关键因素），因而也不能从事故中最大化学习效果。

对于责任追究的片面强调不仅造成了部门之间的相互掣肘，而且严重时，表现为没有发生事故时各个部门之间相互争夺管理资源和管理权限，发生事故后推卸责任，甚至工作中的着力点不是改进以避免事故，而是处处设防，以防一旦发生事故，责任落到自己身上。

执行力问题。执行力包括组织执行力和个人执行力两个层面，石油石化企业的管理层还没有认识到组织执行力的重要性，因此没有能够从组织的角度构建强大的领导力和执行力。对于员工的个人执行力，也大多理解和落实到纪律的层面，缺乏管理深度，没有能够从知识、能力和意愿的角度去构建员工的执行力。

基于以上问题，下面给出了建议和解决问题的思路：

（1）成立事故管理分委员会，领导石油石化企业有关部门，深刻理解石油石化企业当前事故管理的问题，从核心价值和执行力上设计改变和突破的管理通路。上级公司审核下属公司的核心价值和安全文化对公司安全管理的适合性和有效性，从根本上树立以人为本的核心价值体系，以安全文化特点的要求来改进现有的制度和流程。

（2）系统地梳理当前事故调查工作的开展方式和存在的问题，制订具体可行的改进计划。其中至少应该包括：

——制定事故报告、分类、调查、分析和形成最终报告的规程。

——制订激励措施，组织报告所有的事故、伤害和未遂事件等。

——制定出进行内部经验学习和与外部进行经验交流的有关规定。

——接受有关事故调查方法和分析方面的专门培训，并培训直线管理人员。

——为所有的事故、伤害、未遂和异常情况建立数据库。

——跟踪改进建议的实施情况，并检验其有效性。

（3）在现有的政府对于事故管理的模式下，中央直属企业如何找到管理路径，既能够满足政府的监管要求，又能够实现企业内部基于改进管理目的的有效方法，挑战在于管理者如何跳出该管理困局，开创性地寻求解决办法。

（4）改进的关键在于转变观念，提高认识。即理解企业内部和政府作为不同调查主体的利益诉求的差异，理解基于改进目的的调查和基于法律法规符合性的调查的差别。

（5）事故调查组的责任是查清楚关键因素，包括管理因素、物理因素及可能存在的人的因素；涉及违章、违纪或渎职等。事故调查组只报告事实，不会就处罚提出任何意见。这一方面保证了调查组的独立性、客观性和科学性；另一方面尽最大可能避免因为责任追究而影响事故的全面报告。

（6）如果发现有瞒报现象，公司应当作核心价值事故来处理。对于此类事故，公司会严厉处罚。

1）管理理念上：对"四不放过"的理解存在较大偏差

石油石化企业事故管理的原则是：事故隐患必须及时整改；

所有事故必须及时报告、分析和处理。事故调查的原则是"四不放过"，即事故原因分析不清不放过，事故责任者和群众没有受到教育不放过，没有制订出防范措施不放过，事故责任者没有受到处理不放过。

可以发现，在石油石化企业的管理实践中，事故管理的两大要点是，分析原因和追究责任（实际上更多地追究了直接责任）。尽管管理层也在不断地强调分析原因是为了改善管理系统，然而由于追究责任是非常敏感的工作，因此在实践中，造成了分析原因的管理目的是追究责任，甚至是寻找"替罪羊（直接责任者）"。

杜邦公司的经验表明，一旦将追究责任作为事故管理实践的一项管理目的，就难以得到事实真相，就难以找到导致事故发生的关键因素，还容易产生瞒报现象。这样的后果是管理层看不到一线的真实状况，不能及时发现管理异常和管理缺陷，因而不能有效改进。

因此，实际上石油石化企业的事故管理原则并没有在实践中得到有效的落实。究其原因是在实践中，管理层对于"四不放过"的理解存在着以下的偏差：

（1）偏差一：以为凡是发生事故必然要有事故责任者。

（2）偏差二：以为事故责任者必然是直接责任者。

（3）偏差三：以为只要找到事故直接责任者并处理，就能够减轻上级领导和"民意"带来的管理压力（正是这种压力造成了管理层的管理偏好，即放大了对于事故责任者的查找与追究，缩小了对事故关键因素的深度分析和对管理系统的整改）。

（4）偏差四：以为国家的有关规定就是中央直属企业的管理标准，忽视了企业作为一个独立法人实体存在的管理边界。

注意到杜邦公司在实践中事故管理的要点是，查找关键因素和改进管理系统。杜邦公司为什么要刻意地强调关键因素（而不是叫原因）？为什么在事故调查的流程中没有追究责任的内容呢？这是有其科学依据的。

按照现代事故致因理论，发生事故需要多种促成因素碰撞在一起，每一项因素都是必不可少的，任何一个单一因素都不足以破坏系统的防护机制。

直接产生不利影响的差错与违章可被视为不安全行为，这些通常与一线人员相关。但这些不安全行为仅仅是安全问题的症状，而不是起因。

这些不安全行为发生在包括潜在不安全状况的操作环境中，潜在不安全状况是由早在事故发生前就做出的决策或行为造成的。通常由决策者、管理者或其他在时间和空间上与事故发生关系甚远的人员造成。这些决策者受到人的正常偏见和局限性及时间、预算等实际限制因素的制约。即使是在运行最好的组织中，某些不安全决策也是不可避免的。

这样来看，一线员工、管理者、决策者都是导致事故发生的因素。一个事故的发生就代表着管理系统存在着不足与缺陷。只有努力改进系统缺陷才能从根本上避免事故的再次发生。追究直接责任实际上无助于管理系统的改进，因为它转移了人们对于管理系统改进的关注，而去关注是否有人要为某个事故承担责任。

追究责任对于渎职——没有承担起已经明确的本应该承担

的责任是有必要的、也是有作用的。所以，如果通过开展事故调查发现了渎职、违章、违纪等事实的存在，这时启动责任追究程序（另一个独立的程序）来追究渎职、违章、违纪的责任，而不是事故的直接责任。

借鉴杜邦公司的负向激励方式，对于事故单位的管理层在整体管理绩效考核上、未来职业发展上都可以体现出来。现有的事故单位管理层到上级公司诚勉谈话的方式可能也是一种较为可行的负向激励方式。

建议在事故管理的政策、标准和程序的实践中，谨慎使用责任、责任人等字眼，将关于责任追究的部分放到另外一个独立的管理程序中。坚持系统考虑、系统布局，全员、全方位、全过程地抓制度和措施落实，才能从根本上杜绝安全生产工作断层、脱节、失控等现象，才能真正打牢企业安全生产的基石。

2）政策与标准方面的问题：杂乱、不一致、可操作性差

在石油石化企业集团层面，制定了事故管理的政策标准；在地区企业也制定了管理标准；二级单位也有相应的管理办法。尽管这些具体的规章制度和标准起到了指导事故调查工作的积极作用，但也存在以下几个方面的问题：

（1）从上级公司到下属地区企业再到下属的二级单位的文件，在具体的内容上存在着重复、不一致、不够细化等问题。

（2）在同一个公司内，比如某一个地区企业内，不同的文件中都有可能涉及事故管理的内容，仔细研读也发现很多不一致的地方。以某企业的设备处在事故管理上的职责分配为例，

在事故管理办法中、在安全管理手册中、在设备管理规定中都有表述，但不完全一致。

（3）在事故管理的管理标准、规章和制度中过多地强调了责任追究的内容，使得政策执行者在实践中容易放大对于责任追究的偏好。

（4）即便是基层的制度，也没有细化到可操作的层面，基层作业单位根据自己的理解和经验来"灵活处置"。

造成这种现状的原因可能有：

（1）每个层级公司的每一个制度都追求大而全。一直以来公司内部形成了一个惯例，上级公司根据国家要求和某项法规制定一项管理标准或管理办法，地区企业也根据国家法规和上级公司的管理办法制订相应的管理办法，二级单位还是如此。

（2）各个职能部门根据自己的管理需要制定规章制度，希望其他部门或单位来执行。由于职能部门之间的条块分割现象严重，横向沟通不畅，造成了各个制度之间缺乏有机的联系，各自为政。

由于以上两个主要原因，造成了事故管理的文件杂乱，缺乏系统规划。无论是在石油石化企业层面，还是地区企业、二级单位层面都是如此。

建议：

（1）上级公司梳理和构建合适的文件架构体系，对政策标准的文件要有一个规划，从总体上保持文件体系的完整和简明。

（2）避免针对一个文件出台多个补充文件，避免文件体系杂乱。

（3）上级公司直接针对基层作业单位来制定管理标准；能够在上级公司层面细化的管理标准，尽量在上级公司层面细化到具有可操作性。

（4）基层公司（作业单位）根据当地的地方法规和要求，结合上级公司的管理标准制定实施细则。中间层面的公司尽量避免以标准传达标准的做法，而将工作重心放在决策、资源分配和基层公司的能力培养上来。

（5）明确指出各级地区企业标准存在的管理价值，地区企业的标准必须和上级公司一致，且只能在具体执行细节上完善和细化，否则就没有必要制定与石油石化企业一对一的制度。

3）石油石化企业没有对事故给出管理上的定义，也没有界定管理范畴

在石油石化企业的管理中，采用了事故、事故隐患、事件和事故事件等词汇。此外在不同的文件中，有生产安全事故、突发环境事件（环境污染事件、辐射事件）、安全生产事故隐患等提法。在上级公司的《生产安全事故管理办法》中采取了事故的一般语义解释，没有对事故的内涵和外延专门给出界定和解释。这样的一般语义上的解释不能够满足石油石化企业事故管理的需求。

众所周知，管理要从界定管理范畴开始。最基础的工作是有一套可以内部沟通、也可以外部沟通的术语体系。通过这套术语，公司要明确指出什么样的事情发生了，就会启用某个管理程序。任何一个员工经过公司的培训，能够理解什么样的事

情发生了，对应什么样的管理程序，从而启动事故管理流程，纳入公司的事故管理系统。

石油石化企业对于事故基本上采用其一般语义学上的解释。各级公司又根据自己的理解和需求来界定，造成了员工理解的不一致，给沟通交流和统计汇总带来了难度。由此带来的更为不易察觉然而却是非常重要的问题是，削弱了上级公司的整体领导力和执行力。

建议：在石油石化企业上级公司的一个高层次的文件中明确定义什么是事故、事故隐患等。这种定义是为了企业管理上的需要而设定的，要比一般语义上的解释更为科学和具体。要包括典型的例证说明以帮助员工理解。在全公司推广这套术语体系，地区企业及二级单位不能再有自己的解释或定义。统一的术语体系定义才能够便于交流。

4）事故分类分级管理存在着不统一、不符合管理目标问题

事故如何分类分级要来源于管理需要。石油石化企业在分类分级管理上的主要问题是：

事故分类不统一，不便于交流和汇总、统计、分析；石油石化企业层面将事故分为三类：工业生产安全事故、道路交通事故和火灾事故。某地区企业将生产安全事故分为五类：人员伤亡事故、交通事故、火灾事故、生产事故和设备事故。

事故分级的标准偏低，偏重于大的事故，造成了对"小事故"的忽视。石油石化企业基本上沿用了国家的分级标准，这

样做对于满足政府的管理需求是非常有必要的，但是却没有体现出企业自身的管理需求。石油石化企业对安全管理设定了很高的管理目标——零事故。然而从分级中感受到的是，管理层的关注重点还在于重大事故的严重后果，而没有向安全金字塔的下方转移。这样的分级与管理需求存在着根本上的不一致。

另外一个问题是，分类与分级之间没有联系。杜邦公司是在每一个分类下分级，这样的分级针对每一个类别的特点来展开，可操作性强。

建议：在石油石化企业的一个高级别文件中，对事故统一分类和分级。结合企业的业务特点，既要体现出上级公司对各个业务模块特性的包容性，也要体现出一致性。并建议采用标准化编号管理，便于全公司汇总分析。在地区企业以及二级公司层面采用上级公司的标准，不能够再有自己的分类与分级。在分级中将标准提高，体现出对"小事故"的足够关注。既要满足国家的要求，也要体现出企业的管理边界。

5）事故管理的组织与职责方面：没有真正落实直线负责制

石油石化企业的组织模式是中国特色的直线职能制。其特点是：职能部门在公司的管理运作中起着非常重要的领导和监管职责，上级公司的职能部门可以直接领导下级公司的职能部门。体现在事故管理中，就是各个职能部门都按条块分别承担着各自相应的事故调查的职责。结合前面列举出的职责分配可以看出，事故调查体现出的管理理念是上级对下级的"调查"，而不是自查；是职能机构对属地的调查，强调的是职能部门对直线机构的监管，而不是公司从上至下的信任。属地和直线在事故管理中是被管理和被调查的对象。

比如，在一个公司的制度中有如下规定：

工程技术部负责工程事故的调查与处理；生产运行部参与施工作业工程事故、质量事故的调查与处理；安全部门负责事故的调查处理和善后工作。

在另一个公司的制度中，有这样的规定：发生人员伤亡事故，由安全生产管理部门牵头组织调查；生产事故，由业务主管部门牵头组织调查；发生设备事故，由设备管理部门组织调查。

在石油石化企业中，各个职能部门根据自身的理解和自身的需要制定管理规定。安全部门规定如何管理事故，适用于各类型的事故管理。装备部门规定如何管理设备事故。各个部门在制定规定时很少沟通，造成了内容上的不一致。即便在同一个文件中，也会发现不一致的地方。比较上面文件中列出的工程技术部、生产运行部和安全部门的职责，可以发现如果发生一起施工作业中的工程事故，安全部门和工程技术部谁来负责调查？事故发生属地的主管或负责人又有什么职责？因为规定中的笼统和冲突，造成了管理实践中需要靠上一层次管理层来协调。

没有落实真正的直线负责制，造成的另一个事实就是，安全人员仍然是事故管理的主体。体现在事故调查中安全人员担任调查组组长，在整改阶段安全部门负责督促落实整改措施等。

建议：

（1）建立事故管理分委员会，将各个部门协调起来开展事故管理工作。需要注意的是，事故管理分委会负责人是安全管理委员会的成员，但不一定必须是某个部门的领导。

（2）确立属地管理的直线责任制，制定政策明晰各个职能部门在事故管理中的职责，规范各个职能部门之间的协调，以及职能部门和直线管理之间的关系。

6）人力资源与培训：直线人员不具备事故管理的专业能力

公司的管理层拥有开展事故管理的基本能力，并且具备一定的事故管理经验。但总体上看，公司管理层还没有具备事故管理的先进理念和事故管理的全面能力。试点单位的部分高层管理者通过听课的方式接受了事故管理与事故调查的培训，对于事故调查的管理价值有了一定的认识，但也较多地停留在概念理解层面，还不能够熟练地使用这些方法开展日常工作。

即便是试点单位，大多数基层管理者还没有接受过正式的事故调查培训。一方面公司内部还没有培养出一支专家队伍能够开展事故管理技能的普及和培训工作；另一方面，在一些公司的年度培训计划中还没有看到事故管理方面的课程。

从一些事故调查报告上看，调查团队还没有掌握先进的事故调查方法，如"why-tree 分析方法"，公司还没有形成一支掌握先进方法的事故调查专家团队。基层管理人员对于事故隐患的识别能力还需要进一步加强。基层管理人员也没有具备系统的事故管理方法。

建议：

（1）将事故调查的先进理念、方法与管理工具列入公司的年度培训计划，开发出事故管理的培训矩阵并着手实施。

（2）开发事故管理方面的课程，着手选拔一批潜在的事故调查专家并开始培训。

（3）提升现场管理层的事故管理能力，提升现场员工的事故隐患的识别能力。

石油石化企业非常欠缺必要的管理工具与技术，尤其是适用于事故管理的软件工具还比较缺乏。大多数企业还在使用手动台账记录事故信息，事故管理还停留在经验阶段。此外在石油石化企业中也没有格式统一的表单等管理工具，各个单位编制自己的表单，不利于全公司的统一汇总信息。

建议：公司至少要有事故统计分析软件工具、初始报告表单、事故调查表单、事故调查报告格式表单等管理工具。最好还要有一套落实追踪系统来帮助管理层落实整改建议。石油石化企业没有明确的事故管理流程，不利于"小事故"的发现和报告。

7）事故管理流程：未能体现先进管理理念

尽管在公司的规章制度和管理标准中，没有明确表述事故管理的工作流程，但在实际的工作开展中，仍然形成了一个默认的流程：报告→成立调查组→调查分析→调查报告→通报→整改。下面逐一分析。

（1）报告："小事故"不容易被发现和报告上来，存在漏报和瞒报现象。

上报事故的起点是员工在现场发现了事故。判断一个发生了的事情是否是一个要报告的事故，是现场（基层）员工必须具备的能力。越是"小事故"，越容易被忽视。在某公司的现场会议记录上分享着这样一个安全经验："两位员工进行锤击操作时，一位锤击，一位用手把扶。由于脚下打滑，锤子砸到了把扶员工的手，造成该员工手部受伤。"这是发生在企业生产活动中的事情，员工拿来做经验分享，然而这样一起"小事故"并没有被"发现"，并开展适当的调查，从而找到改进方法。看到的只是在安全经验分享时提醒大家引起注意。

在 2010 年 4 月某下属公司发生的一起事故中，有这样的记述："2010 年 4 月 14 日上午 9：50，……零件 A 被炸飞 30m 左右，无人员受伤。下午 17：10，启动另一台同样的设备后，又出现爆炸情况，零件 A 被炸飞 50m 远，无人员受伤。"令人疑惑的是，为何第一次爆炸事故发生后，没有及时上报信息并得到有效调查？

这里有几种可能的情况：一是员工没有及时向现场经理或负责人报告第一次事故，而是等第二次发生类似事故时一起报告。二是现场经理或负责人收到现场员工报告后经过分析判断认为没必要向上报告，等到第二次发生类似事故时，认为有必要报告了。

这不是一个个案，同样的事情在 2009 年的一起设备故障中也反映出来。某下属公司的事故报告中记述："2009 年 2

月23日，某一设备发生某种故障，简单修理后，功能恢复正常……"；在后面的记述中又发现：2月25日发生过类似故障；2月27日发生类似故障；3月2日发生类似故障；直到3月4日才回到基地修理。另外，某一事故发生后，管理层通过调查发现，同样的误操作，以前时常发生，只是没有引起事故而已。这表明，一个经常发生的"误操作"只有在引起重大后果后才被"调查"出来，只有大事故才会引起足够的重视，而对小事故往往习以为常。

事故信息不能够报告上来，并得到有效的管理。这是一个值得引起重视的危险信号，信息不能上传，管理层就不能准确了解基层的现状。

一些管理者认为，目前能够上报上来的都是一些必须有记录的事故，比如医疗事故，由于医疗费用报销的原因，这些事故"被动地"得到了上报；再比如设备故障，因为修理的原因，也"被动地"得到上报；有些发生的事故，因为有了比较明显的后果，也"被动地"得到了上报。

这些管理者也认为，一些隐患和未遂事件并没有被发现，或者发现了也没有当作"事故"来管理，也就不可能报告上来。其中的原因，管理层认为可能包括"害怕影响单位绩效"或"受到处罚"。

每起事故就是一个现场安全计划的某种故障的标志，其问题必须得到纠正。当一起事故没有被发现或者发现后没有及时上报，可能会产生两种后果：一是由于缺乏正确的应对措施，事故的后果可能会变得更加严重；二是由于未采取措施消除首起事故中的因素，另一名员工可能会在同样的情况下受到伤害。只有事故信息能够全面地报告上来，管理层才能够管理事故，才能够基于事故调查的结果对管理系统给予改进。因此确保事故上报是事故管理的基础。

金字塔原理强调的是通过对金字塔下层的"小事故"的有效管理来找出管理中的缺陷，并由此预防"大事故"的发生。因为小事故和大事故有着相同的促成因素。从这个角度去思考就会理解，不能够有效地发现和报告"小事故"不是一个小事情，应是足以引起高级管理层重视的一个危险信号。

"小事故"不被发现，究其原因有二：一是员工认知能力，员工不清楚"什么事情发生了就应该当作事故来管理"；二是员工风险接受水平较高，一般的小事件，没有造成重大恶果，员工习以为常了。整个工作环境如此，如果某个员工把小事情当作事故来管理，还会被认为是小题大做。

因此，石油石化企业要对什么被认定为事故应该有明确的界定。这涉及事故的定义及分类分级管理，前文已经有说明。另一方面，要持续地通过日常工作环节开展培训，使员工能够清楚理解，并对异常或事故保持敏锐。石油石化企业在这两方面都需要改进。

另外，政策制定得不够细，可操作性差，给基层（现场）员工和经理的培训也不够充分。基层在执行时，心中没有清晰的标尺，不容易做出判断。最基层员工沿袭师傅的经验做法，遵照习惯处理方式，对很多本来应该引起重视并报告的事故习以为常。这是"小事故"报告中存在着漏报的原因。

尽管公司也制订了奖励办法鼓励员工报告隐患，但还设定了一些条件，使得奖励限于：

——报告非本岗位的设备、设施、生产工艺等存在的生产安全事故隐患。

——报告本岗位的设备、设施、生产工艺等存在的非本人责任不落实的安全事故隐患。

这样做乍一看似乎有道理，如果由于本人责任不落实引起了隐患，本人报告上来还要奖励确实是个悖论。但我们知道员工首先要做好本岗位工作，应将本岗位可能存在的不安全状态和可能有的不安全行为找出来，并积极报告上来。报告上来的目的是和管理层一起寻找改进的方法，使得该岗位的风险能够得到管理。仔细揣摩上述两个限定后会发现，这样的设定并没有起到鼓励员工积极向上地交流本岗位问题的作用，而且还有可能在员工中造成"打小报告"的负面影响。其可能产生的负面作用超过了奖励带来的积极影响。

目前企业中依然存在着瞒报现象，即明知道可以认定为一起事故，但故意不报告。这可归因于企业的安全文化：即对于事故的态度。事故是被批评的理由，是管理不善的表现，因此基层宁愿报喜不报忧，即便发现了异常信号，也宁愿大事化小、小事化了，造成了发现事故但故意不报告的管理现状。

事故报告中存在的另一类问题是，报告的流程中没有体现出直线负责制。从规定的报告流程来看，事故发生后，要求安全部门逐级上报，最后由安全部门向企业领导报告。由此可见，事故报告仍然只是安全部门的事情。

建议：

——强化直线负责制，明晰和统一事故的报告路径，首选直线报告路径，同时报告相应的职能管理机构。

——营造一种学习、坦诚、信任的事故报告氛围，鼓励那些遵守这些初始报告程序的员工。特别地，对于奖励范围不妨不设定本岗位与非本岗位的差异，而且更为值得鼓励的是首先将本岗位的隐患排查清楚，认真履行本岗位的职责。

——正确应对隐患数量的上升，在一段时间内谨慎对待以事故发生的绝对数量作为绩效考核的依据。经验表明，一旦员工开始报告各类"小事故"或隐患，初期此类报告的数量也许会上升，但这种上升不是系统崩溃的表现，而是带来了创造安全、健康工作环境的机会，带来了实现"零目标"的机会。从这些初始报告中，现场、地区能够识别出需要进行全面调查的安全事故。

（2）成立调查组：体现的是上级对下级的"查处"，是"他查制"。

公司对有较为严重后果的事故都能开展全面调查。上级公司规定了调查组成员的构成，包括安全、生产、设备、人事劳资、监察、工会等有关职能部门组成。实践中，一般由上一级职能部门对下一级公司或属地开展调查工作。体现的是"查处""他查"原则，而不是"自查"原则。

调查组的构成中过多地体现了上级对下级的调查，没有体现出对下级单位的信任——自查。体现在管理实践中，调查团队中没有一线员工，没有属地管理者。组织调查的负责人是上级公司的职能部门等。

所以，一旦某个属地发生事故，属地主管就等于是犯了错误，必须等待上级的定性处理。上文已经讨论过，在"四不放过"中，过多地体现出来不放过操作者的直接责任，而弱化了对于前三个"不放过"的落实。

（3）调查分析：还不能够找到管理系统上存在的关键因素。

在事故调查中，一般都有直接原因、设备（装备）原因和人员原因三个方面的原因分析，但是可以看出，更多的是追求形式上的完美，而未能做到内容上的透彻。

——对于关键因素的发掘还不够深刻，还没有达到真正的系统分析和系统缺陷的深度。

比如，在人员上认识到了"误操作"的层面，然而为什么会发生此类"误操作"，报告并没有深度挖掘其中存在的人本原因和管理体系上的原因。有人提出一个观点值得认真对待，即管理体系如何能够通过培训和能力鉴定、责任心考核、资格认定等管理手段来提升人员的责任心和安全意识。人的原因不能简单归因于个体因素。在某事故（几乎灾难性的险情）中发现，事故直接责任人平时是一个"认真负责、技术过硬"的驾驶员。那么为什么一个"好员工"却造成了几乎灾难性的险情呢？这是管理者必须要面对和回答的一个问题。

由于没有深刻挖掘这些系统原因，对于事故的认知和事故发生后的交流仅停留于责任人的"安全意识不足""责任心不强"等千篇一律的原因，由此对于整改措施也存在笼统和"套路"的问题，缺乏细化到可操作的改进程序和系统改进，也没有看到具体实施改进的负责人或负责部门，以及整改效果的检验措施，没有具体的整改关闭程序或标准。

——事故调查组开始尝试使用"Why-tree"的分析方法，但在使用过程中还没有做到关键因素的完备性。

曾经看到过一个非常好的事故调查报告，但是用高标准来衡量仍然存在着不足之处。比如报告中说明受害人从高空坠落导致死亡。然而，坠落后导致什么部位受到致命的一击，报告中并没有说明。报告中有照片显示受害人的安全帽完好无损，那么安全帽有没有脱落也没有记录。假设在受害人坠落过程中安全帽脱落，又假设头部撞击是致命一击，那么存在一种可能性，安全帽没有起到应有的保护作用。由于失去了一个分析因素，也可能失去了一次改进 PPE 的机会。

（4）调查报告，过多篇幅和细节强调了对于责任的追究。

调查报告中对于关键因素的分析不够深刻，对于整改措施不够具体、难以追踪落实效果。然而，非常值得注意的是事故报告中对于责任人的处理（罚款）是具体而明确的，明确到罚款如何缴纳，资金如何扣除。按照人们的阅读理解习惯和记忆习惯，人们往往注意到并记住的是具体而明确的细节和信息。因此，这份报告给人们留下的核心关键词是"处理""罚款"，而不是"整改"。给员工传递的信息就剩下了"你不要犯错误，否则就要受到处罚"。进而由于这一鲜明的信息传递，进一步弱化了整改和改进的方法和效果。

先进的管理理念和实践表明，将事故管理的重点回归到"查明关键因素→整改落实"上来，才能够实现事故管理的管理目的：防止类似事故的再次发生。

（5）通报：还不能起到"举一反三"的管理效果。

对于本单位的事故基本上都能学习总结，管理距离越远，学习总结就越少，由此也造成了一些事故的经验教训没有给其他单位的管理提供有效的改进。如某二级单位的下属作业单位曾经发生一起高空坠落事故，其中设备上的原因是：由于防护栏杆和柱脚连接处锈蚀而强度不足，没有起到应有的保护作用。事故发生后，公司做了正式的调查和整改。然而令人遗憾的是，在另外一个工作现场，却发现了同样的隐患：现场审核发现，该现场也存在5m左右的悬崖，其中一个栏杆强度严重不足，栏杆的高度也不足以起到保护人的效果。管理层也发现了这一隐患，并竖立了警示牌，然而并没有采取更为彻底的本质安全办法来消除这一隐患（将栏杆修好）。

由于在事故分析中没有能够探究到深层次的关键因素，在通报与宣传中也只能做到"泛泛"层面。当询问的某二级单位的事故受伤者时，他们都知道某个事故的直接原因是"驾驶员违反交通法规，选择错误方向会车"，而在另外一个公司中，在问及所有受访的管理层和员工事故发生的原因时，听到最多的回答是"误操作"。

误操作是一个广泛存在而敏感的话题，会将事故发生的原因导向一线员工的纪律，并进而导向处罚。

（6）整改：整改措施不具体、难以落实和追踪整改效果。

很多事故调查报告中给出的整改措施是，加强员工安全意识培训。这不是一个建议，这是最高决策机构的一个决策，可能由安全委员会做出比较合适。作为执行层应该建议：做什么培训，谁来参加，谁来培训，什么时候培训，谁来组织落实，谁来检查督促等。然而在事故报告中往往没有这样的内容。

以一个险情来举例，这个案例受到了管理层重点关注。该事故报告中记录："×××采取紧急措施将车停下，避免了一起因机械故障引起的恶性交通事故的发生。"对于这样一起重大险情，报告中提到的防范措施如下：

——分公司要召开事故分析专题会议，着重对这一段时间内的类似问题和隐患进行认真的反思和总结，制订切实可行的措施，严格执行各项管理制度。

——各基层单位必须加大培训力度……加强技术培训……减少习惯性违章，严防各类事故的发生。

——各设备使用单位必须加强"十字"作业，搞好……检查，……把公司的各项设备管理制度落实到实处，杜绝有责机械事故的发生。

——增强各级人员设备管理责任心，特别是领导干部的设备管理能力，全面提升设备管理水平。

这些整改措施可以适用于几乎任何一起事故，缺乏足够的针对性，没有制订出具体的整改行动计划及整改效果的跟踪手段。

建议：

——将未遂和隐患"发现"出来，然后逐一开展全面事故调查，在实践中培养管理层的事故管理能力和理念。

——将事故调查的职责交给基层管理者，让员工和属地主管充分参与。

——强化事故调查组的责任意识，必须签名确认结果。

（7）记录与汇总：还不能够成为管理层决策的依据。

2009 年开始，石油石化企业开始用百万工时的统计方法进行安全伤害统计数据的记录，并在下属所有企业实施。如某公司自 2009 年 9 月开始进行百万工时的伤害数据统计，包括记录和统计员工损工率、可记录伤害率等数据。

但总体上这项工作才刚刚开始，统计中缺乏一致的分类汇总，缺乏统一编号管理，也没有在石油石化企业层面追踪数据信息并开发事故信息的管理价值，也还没有能够成为管理层决策的参考依据。

建议：尽快开发一套系统的事故分类分级的汇总软件，将事故与未遂事件、隐患都纳入统一的管理，使管理层对事故的发生有一个全面把握，从而促进科学决策。

■ 2 从深层次分析原因并寻求管理突破 »

石油石化企业在事故管理上的主要问题可以归结为以下 6 个要点：

（1）追究责任演变成了事故调查的主要目的。

（2）事故管理的职责还不够清晰，有些职责存在着交叉。

（3）事故（包括隐患与未遂）不能够全部被报告。

（4）事故调查的原因挖掘达不到系统的深层次。

（5）整改措施不够具体，也没有具体的负责人来落实。

（6）没有监管措施来评估整改效果。

就像事故管理一样，发现了问题，还要挖掘问题背后管理系统上的原因。下面从核心价值、执行力、事故管理价值等深层次来分析形成这些问题的体系与制度上的原因，帮助管理层从根本上理解这些问题，并寻求根本上的解决办法。

1）强化和落实"安全是核心价值"

通过落实"安全是核心价值"不断弱化事故管理中的"责任追究"。安全当作核心价值，体现在工作中就是安全是工作不可分割的一部分，任何决策都要考虑到安全，任何行动都要考虑到安全。如果不能够安全地开展一项业务，不能深刻认识和理解业务中的固有风险就宁可不开展这项业务。"管工作就要管安全""如果不能安全地做这件事宁可不做这件事""安全操作说明是岗位操作说明中的重要内容（不是两部分）"。

将事故当作改进的机会。事故管理的目的就是避免类似的事故再次发生。为了实现这一目的，需要在事故管理的过程中，查找关键因素，直至找到管理系统存在的系统缺陷，由此确定并执行相关的整个措施和行动；并广泛沟通学习到的经验和教训，将事故管理作为一种不断学习改进的管理手段。

石油石化企业当前的事故管理较多地强调了对于责任的认定和责任人的责任追踪。习惯上，当调查找出事件起因后，是谁"引起"的事件通常显而易见了，就可以追究责任和给予惩罚了。因此调查的重点有意或无意地转移到了确定过失与分摊责任上。人们了解了这样的"游戏规则"，在工作过程中就会处处设防，极力避免将责任导向自身，这样一旦发生事故，首先想到的是如何推卸责任。

当有人故意违反"规则"时，惩罚也许是有作用的。这种制裁对违规者或类似情况中的其他人可能具有威慑力。即通过对失信者进行惩罚，保护规则不受惯犯的侵害，以期改变个体行为，以儆效尤，防止类似状况再次发生。

但如果事故是由于判断错误、技术差错、人为差错引起的，那么对这种差错进行惩罚几乎不能起到有效作用。此时能够做的是改进培训或人员选择机制，或者改进系统使其更能够承受这种差错。在这种情况下选择惩罚，肯定会有两种结果：首先，不会再有人报告这类差错；其次，由于没有对改变这种情况采取任何措施，同类事故可能再次发生。这就是当前石油石化企业面临的管理现状。

石油石化企业的安全管理现状是典型的杜邦公司安全文化第二阶段——严格监管阶段的管理理念和方法。对此不应批评和挑剔管理层的做法，实际上，严格监管也是管理文化演变过程中必经的一个过程。但要指出的是，只有用第三、四阶段（自主、团队管理阶段）的理念和方法来指导管理实践，才能够最终实现最佳实践所达到的管理效果。这需要将事故管理的定位从"责任追究型"转变为"原因究明型"。"责任追究型"查明过程并追究相关人的责任，而"原因究明型"则强调查明关键因素与系统缺陷进而整改和落实。"四不放过"的原则只有在安全当作核心价值时才能够发挥其最佳管理效果。此时，人们对于事故要有正确的态度，能够正确地认知和理解差错。差错是某些情况或环境的结果，而不一定是起因。回到石油石化企业的语境中，操作失误不是事故的起因，它也只是某些关键因素缺陷或失效导致的结果。认识到这一点，管理者开始查找造成这些差错的不安全状况，开始系统地识别组织弱点和安全缺陷，这样做比惩罚个人对安全管理更有成效。

通过不断弱化"责任追究"进而去强化"原因究明"，严格执行"四不放过"的管理原则，实践中造成了对于责任追究的过度强化甚至热衷。调查报告和每次事故管理后沟通的内容偏重于人员的处理，给员工传达了错误的信息，即事故管理的实际目的是分摊事故责任。现有的处罚制度造成了大家对事故汇报的恐惧。

由于在事故管理中有责任追究的内容，自然地在管理实践中就会强化这一部分内容（即使制定规定的初衷不是要强化责任追究）。只有有人承担了责任，才能够平息一起事故的重大负面影响，才能够对事故后果有个"交待"。这种价值取向在管理实践中一次又一次地被证明和不断强化，最终导致形成了"不追究责任就不是事故管理"的管理概念。由于员工甚至基层管理者害怕被追究责任，害怕被罚款，而不愿意将一些发现报告上来，使得管理层不能及时发现问题，失去了预防事故发生的管理机会。由于事故不能全部被报告上来，各级管理层失去了审核现有管理系统的机会。

基于石油石化企业的管理现状，只有先弱化责任追究才能逐步建立起来"原因究明"型事故管理理念。弱化责任追究不是放弃责任追究，而是使责任追究更加有的放矢，要追究的不是事故责任，而是渎职、故意违章、明知不可为而为之、明知改进机会而不作为、知偏不究、放纵差错、疏于管理等类失职失察责任。

在此基础上，强化员工和各级管理层对于事故的正确认知，员工主动报告事故希望得到管理层的帮助，一起探讨改进的机会。管理层抓住"小事故"的调查机会，挖掘深层次的系统缺陷，并制订行之有效的措施认真落实整改。一方面避免类似的缺陷导致更大或更多的事故；另一方面，也是给员工建立了报告事故的勇气和信心。这样能够创造一个公平的事故管理环境，将各级管理层和员工的工作重点转移到过程管理中，在过程管理中强化各级管理层和员工的主体责任意识，建立第三阶段的安全文化意识。

通过理解事故致因区分人为差错和违章，挖掘深层次的系统缺陷，是事故管理的一个关键环节。那么，什么是系统缺陷呢？现代事故致因理论能够帮我们回答这个问题。

按照现代事故致因理论，发生事故需要多种促成因素碰撞在一起，每一项因素都是必不可少的，任何一个单一因素都不足以破坏系统的防护机制。直接产生不利影响的差错与违章可被视为不安全行为，这些通常与一线人员相关。

差错与违章截然不同。两者都有可能导致系统失效和危险情况，并进而导致事故，其不同在于意图。违章是一种主观故意行为，而差错则是无意识的。

差错和违章不是必然会导致事故。不能够区别或不愿意区别差错与违章是石油石化企业管理实践中常见的误区。实践中多以结果导向来对待差错与违章，只要造成了严重后果，必然被惩罚，后果越严重惩罚越严厉，而不去区分其性质。反之，即便是主观故意行为，如果没有造成后果或严重后果，都不会被惩罚甚至可能都不会被发现。

实际上，有些违章是由于程序不当或者是待定的程序不切实际，员工为完成任务找出"变通办法"和"走捷径"造成的。这是变更管理的范畴，必须做到刚一遇到此类情形就立即报告，使得该程序能够立即得以纠正。因为任何情况下的违章都是不能容忍的。在石油石化企业的实践中，这一原则在理论上被认同，但在实践中，没有始终如一地得到贯彻和落实。取舍的标准再次回到了结果导向，管理层以造成后果的严重程度来决定这件事情能不能容忍。没有造成后果或严重后果的"走捷径"往往被忽视或容忍了，这等于变相鼓励和强化了员工"走捷径"的错误做法，渐渐地在工作环境中形成了一种文化，这种文化容忍或鼓励"走捷径"而不是遵循公布的程序。这其实也是事故的一个致因，然而石油石化企业没有发掘出来。

由此看来，即便是违章，也只是安全系统的症状，而不是起因。管理层的意识和行为习惯培养了不良的安全文化，这种安全文化在适当的环境下促成了事故的显现。

通过理解人为差错落实人本管理。事故记录统计一再表明，大多数事故都是由人的因素（不安全行为）引起的，而且这些有不安全行为的人（员工）身体健康、具有经验、具有操作资质甚至还是某一方面的资深员工。然而这种认识很容易导入一个误区，人是事故的"罪魁祸首"。

引起或促成事故发生的某些关键因素可能会追溯到较差的设备或程序设计，或者追溯到培训不当或操作说明不当。不管根源是什么，了解生产作业环境中人的正常行为能力，尤其是人的局限性及行为模式是理解安全管理的核心。仅凭直觉来理解人的因素已经不再恰当了。人本管理首先就是把人当作人来看待——人不是神，承认人会犯错误是人本管理的基础。

作业环境中，人最灵活且适应力最强，但也最易受环境因素的影响。由于大部分事故都是由人的欠佳的行为所致，因此人们往往将其归因于人为差错（误操作）。但是术语"人为差错"在安全管理中不起任何作用。尽管它可能指示出了事故是在系统什么地方发生的，但是它没有提示事故为什么会发生。人为差错可能是由设计、设备、培训、程序设计或检查单或手册的不当造成的。人为差错掩盖了要想预防事故就必须重点研究潜在因素的原则，因此人为差错只是起始点而非终止点。安全管理的努力方向是要寻找各种途径，预防人为差错的出现，并采取管理措施将那些难以避免的人为差错对安全造成的不利影响减小到最小。

充分理解人为差错发生的运行环境（作业场所内影响人的行为的因素和条件）对于正确看待人为差错是有益处的。"安全L"模型能够帮助人们理解人在作业环境中和环境互动的关系，其中包括：

人件—硬件（L—H），比如人与机器的相互作用。它决定着人如何与实际工作环境相互作用，例如设计适合人体坐姿特点的座位、适合于用户感官和信息处理特点的显示器、适合操作者位置的控制装置（比如"4·22"事故中的机器操作手柄的位置）。

人件—软件（L—S），比如人与规章、手册、检查单、出版物、标准操作程序和计算机软件之间的关系。规章的准确性、格式、表达方式、词汇、清晰度和符号表示法等是否方便员工使用（比如重新编写操作程序、目视化等）。

人件—人件（L—L），指作业过程中人与人的关系。员工和属地主管、员工和员工之间的合作、协作，矛盾冲突如何解决等，员工之间的信任关系，管理层对员工的信任等。一个良好的安全文化有助于形成人与人之间的信任和合作（事故调查中对待相关员工的态度、处理方式等）。

人件—环境（L—E），比如人与作业场所内的温度、光线、噪声、振动和空气质量等环境因素的关系。糟糕的工作环境或者时间压力可能促使员工走捷径。

以上任何一个方面都可以在管理实践中找到正面的或负面的例证。因此不能简单对待人的过失。一个误操作的背后可能有人与机器、人与规章、人与人、人与环境之间的矛盾与冲突，采取积极的办法解决背后的冲突和缺陷，才能够从根本上改进管理体系。这样的管理模式体现出人本管理的核心价值。

以人为本管理思想的一个体现就是正确对待事故背后的人因。承认所有人都会犯错误，区别疏忽、过失和故意的差异，并采取不同的对待方式，由此建立非惩罚性的安全文化。这是一种科学的安全管理思想，是科学发展观的一部分。

通过落实以人为本推进先进的安全文化建设。以人为本，在管理中充分体现对人的尊重，能够培养出积极的安全文化——杜邦公司安全文化模型中的第三阶段和第四阶段的文化。这样的文化能够促使员工乐于报告事故，并愿意与管理层交流讨论改进机会，而不必担心受到惩罚，这就是通常所说的报告文化。每当意识到危险或安全问题时，员工都能够如实上报，而不必担心会受到制裁或遭遇麻烦。另一个有效的鼓励措施是，认真对待每一份来自员工的报告，认真分析其中的关键因素，不管是否需要采取行动都要适时地给报告者反馈信息。在保护报告者前提下，对于有益的报告予以公开的表扬和奖励。

企业文化承认人人都有可能出现差错，可以通过其他的管理手段减少差错，并设计能够包容差错的系统方法来减少和消除差错带来的事故倾向。但是企业确实不能容忍故意违章。操作者清楚哪些行为是可接受的，哪些行为是不可接受的，并且与企业达成一致，操作者完全有权、有勇气、有意识拒绝进行任何不安全的生产与作业活动。

通过安全文化建设，实现事故管理的良好循环，希望达到的状态是，各级管理层和员工能够认识到事故是学习改进的机会，因而能够主动地去识别和发现工作过程中的各种异常，并积极主动地向上级管理层报告。报告的目的是希望和管理层共同探讨根本上的解决办法，并得到管理上的资源分配来整改，同时愿意广泛地交流和分享事故的经验教训，在最大可能的范围内避免类似事故的重复发生。

2）石油石化企业在执行上存在着很大的改进空间

基于石油石化企业的管理现状，应该找到一个良性循环来寻求改变与突破，这个循环的起点是核心价值的重塑和推广，进而落实到积极的安全文化建设上，其着力点是执行。

生产实践表明，大多数事故都是由员工的不安全行为引起的。在石油石化企业下属公司的事故调查报告中，总是能找到关于员工操作、判断或决策上的失误或错误。比如，在某起交通机械事故的原因分析中，首先强调了"驾驶员 ××× 违反《道路交通安全法》第 21 条规定……工作责任心不强，安全意识差，工作作风'懒、散、惰'，是一个不合格的驾驶员。"另一起未遂交通事件中"设备技术员 ××× 没有明确修保内容，责任心差……驾驶员 ××× 未对车辆进行维护保养，为履行临时代开制度，交车不清楚……"，此外还有检验员、修理工等岗位员工的责任。另外一起事故也是将员工的"误操作"作为导致事故的直接原因。

由此得出，一线员工能够严格地执行规章制度，是实现安全绩效的根本保障。管理层希望员工总是能够以正确的方式完成每一次操作。不论公司的管理系统设计得多好，考虑得多么周到，都要依靠每一位员工通过每一天的实际工作来将理念付诸实施。这样来看，执行，无论如何强调都不为过。而执行也是每一个公司管理层关注的重点。安全绩效好的公司，在执行上倾注了管理层的大量时间和精力。杜邦公司的有感领导、管理层承诺、行为安全审核等安全管理工具都是为了帮助管理层有效地领导"执行"。安全绩效不好的公司，也清楚执行的重要性，只是没有找到好的方法或工具来领导和落实"执行"。石油石化企业也不例外，执行也是管理层关注的重点，他们非常希望员工能够严格地按照指定好的操作标准来完成每一项任务。

石油石化企业在执行上存在着很大的改进空间。然而在执行上存在着一个管理误区，提到执行，就想到员工没有严格按照操作标准来做事情，进而归咎于员工。因而一旦发生事故就会从这个角度去挖掘原因，甚至追究员工的责任。这种做法非但不能解决"员工执行力"不好的问题，反而会破坏公司之前在安全上建立起来的信任关系。从石油石化企业的管理实践中发现，在很多层面上存在着这种管理误区。

实际上，执行是一个复杂的组织问题。从OPPT的角度来说，如果一个组织的职责体系存在着职责不清、权责不对等现象，那么在执行时就会产生摩擦和阻力；如果一个工作的流程不清晰，员工肯定不能够将该工作"执行"好；如果人员的培训不到位，员工没有具备相应岗位的能力，更是没法"执行"。就像前面事故中提到的驾驶员，当事故发生后，才发现驾驶员不是一个合格的驾驶员，存在着"懒、散、惰"的现象，这说明管理体系存在着根本的缺陷，在选择和评价机制上出现了重大问题。最后如果没有先进的工具来帮助员工执行任务，就会出现人机互动上的问题，进而影响"执行"。

下面以某公司管理层在现场审核时发现的一个问题为例来说明"执行"。

一个现场有防爆要求，其中的电器为防爆电器，然而管理层发现一个防爆电器中采用了黑色电工胶布来包裹电线。这就在防爆电器中人为地制造了一个不防爆的隐患。出现这样的问题，可能的原因包括：不是由具备专业知识的电工来维修；电工不具备防爆设备的维修知识；电工不知道这样操作的严重后果；电工因陋就简，没有找到合格的设备来替换这一防爆设备；以前都是这样做的，没有造成事故；工作马上就要结束了，凑合几天就可以撤离现场了，现场管理层不想因为一个"小设备"而耽误工期；由于成本控制，公司不想要增加该项目预算；公司没有制定相应的操作标准，告知员工这种情况该如何处理。

因为管理层没有要求就这样的隐患展开事故调查，所以没有看到实际的原因是上述的哪一种，或另有其他原因。因为没有事故记录，也无法找到当事人去核实真正的原因。但是在现场调研时，发现以上各种原因在不同案例中都有存在。比如，在现场运行的潜水泵没有漏电保护，员工和现场管理层都认为没有必要，以前都不做漏电保护，从来没有发生过事故。

这显然不是靠单个员工就能够解决的"执行"问题。执行就是严格按照程序做事，必须要有可以执行的程序。实际上有些公司在程序的完备性上有很大的差距，所以一些公司开始梳理和完善现有的程序，希望达到一个目标，就是一个员工完全依照程序就可以完成基本工作。

所以谈到执行，首先是一个组织的执行力。一个组织的执行力和管理层的领导力是一个事物的两个方面。在杜邦公司的安全管理改进实践中，充分地说明了这一点。

总结起来，要想改善一个组织的执行力，要从以下七个方面来加强。其中四个方面与组织有关——领导关注、员工参与、按程序做事、环境整洁；三个与个人有关——知识、个人承诺、意识。

一个公司的有效运营离不开卓越的执行力。认识到执行力的最佳实践及在每个方面的现状和差距，就可以开展针对性的工作来大幅度改善公司的执行力。

3）对最终事故管理价值的建议

事故管理的目的是将不利的事故转化成积极地学习的过程，从根源上消除引起事故的关键因素，并进而避免类似因素引起更多的或更大的事故。

要实现事故管理的这一根本目标，就必须从核心价值和执行力上保障及时地报告、充分地搜集证据、全面地分析、找到所有相关的管理环节的漏洞或缺陷，培养具有充分责任感和分析能力的管理队伍，明确管理（包括组织事故调查的）责任。

要实现最终事故管理的价值，还必须致力于彻底有效的改进，特别是管理系统的改进。结合石油石化企业事故管理的现状与杜邦公司的管理实践，下面逐项给出了一些改进建议。为了便于理解和操作，考虑到石油石化企业的当前管理阶段，从组织、政策、职责、人员、管理工具和承包商事故管理等角度做一汇总，使其更加明确和突出，增强可读性和可操作性。

（1）在职责与组织方面：成立事故管理分委员会，领导石油石化企业有关部门，深刻理解石油石化企业当前事故管理的问题，从核心价值和执行力上设计改变和突破管理通路。上级公司审核公司当前的核心价值和安全文化对公司安全管理的适合性和有效性。从根本上树立以人为本的核心价值体系，以第三阶段安全文化特点的要求来改进现有的制度和流程。

系统地梳理当前事故调查工作的开展方式和存在的问题，制订具体可行的改进计划。其中至少应该包括：

——制定事故报告、分类、调查、分析和形成最终报告的规程。

——制订激励措施，组织报告所有的事故、伤害和未遂事件等。

——制定出进行内部经验学习和外部经验交流的有关规定。

——接受有关事故调查方法和分析方面的专门培训，并培训直线管理人员。

——为所有的事故、伤害、未遂和异常情况建立数据库。

——跟踪改进建议的实施情况，并检验其有效性。

（2）在政策制定方面：上级公司应系统地梳理和构建合适的文件架构体系，对政策标准的文件要有一个规划，从总体上保持文件体系的完整和简明。避免针对一个文件出台多个补充文件，避免文件体系杂乱。

可以借鉴杜邦公司的经验，能够在上级公司层面细化管理标准的尽量在上级公司层面细化到具有可操作性。基层公司（作业单位）根据当地的地方法规和要求，结合上级公司的管理标准制定实施细则。明确指出各级地区企业标准存在的管理价值，地区企业的标准必须和上级公司一致，且只能在具体执行细节上完善和细化，否则就没有必要制定和石油石化企业一对一的制度。中间层面的公司尽量避免以标准传达标准的做法，而将工作重心放在决策、资源分配和基层公司的能力培养上来。

建议在石油石化企业的一个高层次的文件中明确定义什么是事故、事故隐患等。这种定义应是为了企业管理需要而设定的，要比一般语义上的解释更为科学和具体，且要包括典型的例证说明帮助员工理解。要在全公司推广这套术语体系，地区企业及二级单位不能再有自己的解释或定义。统一的术语体系定义才能够便于交流。

在石油石化企业的一个高级别文件中，对事故统一分类和分级。结合企业的业务特点，既要体现出上级公司对各个业务模块特性的包容性，也要体现出一致性。建议采用标准化编号管理，便于全公司汇总分析。在地区企业及二级公司层面采用上级公司的标准，不再有自己的分类与分级。

在分级中将标准提高，体现出对"小事故"的足够关注，既要满足国家的要求，又要体现出企业的管理边界。

在事故管理的政策、标准和程序及实践中，谨慎使用责任、责任人等字眼。将关于责任追究的部分放到另外一个独立的管理程序中。

（3）在职责方面：确立事故管理中属地管理的直线责任制，制定政策，明晰各个职能部门在事故管理中的职责，规范各个职能部门之间的协调，以及职能部门和直线管理之间的关系。

将事故调查的职责交给基层管理者，让员工和属地主管充分参与。强化事故调查组的责任意识，必须签名确认结果。强化直线负责制，明晰和统一事故的报告路径，首选直线报告路径，同时报告相应的职能管理机构。

（4）在人员培训方面：将事故调查的先进理念、方法、管理工具列入公司的年度培训计划，开发出事故管理的培训矩阵并着手实施。开发事故管理方面的课程，着手选拔一批潜在的事故调查专家并开始培训。提升现场管理层的事故管理能力，提升现场员工对事故隐患的识别能力。

（5）在管理工具方面：尽快开发一套系统的事故分类分级的汇总软件，将事故与未遂事件、隐患都纳入统一的管理。使管理层对事故的发生有一个全面把握，从而促进科学决策。公司至少要有事故统计分析软件工具、初始报告表单、事故调查表单、事故调查报告格式表单等管理工具。

（6）在承包商事故管理方面：通过事故管理能够有助于承包商整体管理的改进，不能忽视从以下几个方面去查找根本原因，并进行系统的整改：

——安全费用的投入。

——保证承包项目前期工作时间安排及必需的合理工期。

——是否存在管理中的不正之风。

　　并且，将承包商安全业绩及管理过程指标作为考核内容。借鉴杜邦公司的经验，发生承包商事故后，不论事故主要由哪方引起的，甲方的管理层都应该在安全业绩上受到负面影响，以此强化甲方采用积极的态度来主动承担责任、面对公众，以消除因公关危机所造成的影响。

附　录

《化工和危险化学品生产经营单位重大生产安全事故隐患判定标准》解读

注：生产经营单位重大生产安全事故隐患以下简称重大隐患。

为有效防范遏制重特大事故，根据《中华人民共和国安全生产法》和《中共中央国务院关于推进安全生产领域改革发展的意见》（中发〔2016〕32 号），国家安全生产监督管理总局制定印发了《化工和危险化学品生产经营单位重大生产安全事故隐患判定标准（试行）》（安监总管三〔2017〕121 号，以下简称《判定标准》）。

《判定标准》依据有关法律法规、部门规章和国家标准，吸取了近年来化工和危险化学品重大及典型事故教训，从人员要求、设备设施和安全管理三个方面列举了 20 种应当判定为重大事故隐患的情形。

为进一步明确《判定标准》每一种情形的内涵及依据，便于有关企业和安全监管部门应用，规范推动《判定标准》有效执行，现逐条进行简要解释说明如下。

一、危险化学品生产、经营单位主要负责人和安全生产管理人员未依法经考核合格

近年来，在化工（危险化学品）事故调查过程中发现，事故企业不同程度地存在主要负责人和安全管理人员法律意识与安全风险意识淡薄、安全生产管理知识欠缺、安全生产管理能力不能满足安全生产需要等共性问题，人的因素是制约化工（危险化学品）安全生产的最重要因素。

危险化学品安全生产是一项科学性、专业性很强的工作，

企业的主要负责人和安全生产管理人员只有牢固树立安全红线意识、风险意识，掌握危险化学品安全生产的基础知识，具备安全生产管理的基本技能，才能真正落实企业的安全生产主体责任。

《中华人民共和国安全生产法》《危险化学品安全管理条例》（国务院令第 344 号〔2002〕）《生产经营单位安全培训规定》（国家安全监督管理总局令第 3 号）均对危险化学品生产、经营单位从业人员培训和考核做出了明确要求，其中《中华人民共和国安全生产法》第二十四条要求：

生产经营单位的主要负责人和安全生产管理人员必须具备与本单位所从事的生产经营活动相应的安全生产知识和管理能力。

"危险物品的生产、经营、储存单位及矿山、金属冶炼、建筑施工、道路运输单位的主要负责人和安全生产管理人员，应当由主管的负有安全生产监督管理职责的部门对其安全生产知识和管理能力考核合格。考核不得收费。"

《生产经营单位安全培训规定》（国家安全生产监督管理总局令第 3 号）明确要求："危险化学品等生产经营单位主要负责人和安全生产管理人员，自任职之日起 6 个月内，必须经安全生产监管监察部门对其安全生产知识和管理能力考核合格。"

2017 年 1 月 25 日，国家安全生产监督管理总局印发了《化工（危险化学品）企业主要负责人安全生产管理知识重点考核内容（第一版）》和《化工（危险化学品）企业安全生产管理人员安全生产管理知识重点考核内容（第一版）》（安监总厅宣教〔2017〕15号），对有关企业主要负责人和安全管理人员重点考核的重点内容提出了明确要求，负有安全生产监督管理的部门应当按照相关法律法规要求对有关企业人员进行考核。

二、特种作业人员未持证上岗

特种作业岗位安全风险相对较大，对人员专业能力要求较高。近年来，由于特种作业岗位人员由未经培训、未取得相关资质造成的事故时有发生，2017年发生的河北沧州"5·13"氯气中毒事故、山东临沂"6·5"重大爆炸事故、江西九江"7·2"爆炸事故均暴露出特种作业岗位人员无证上岗，人员专业能力不足引发事故的问题。

《中华人民共和国安全生产法》《特种作业人员安全技术培训考核管理规定》（国家安全生产监督管理总局令第30号）均对特种作业人员的培训和相应资格提出了明确要求，如危险化学品特种作业人员应当具备高中或者相当于高中及以上文化程度的学历。

按照规定，化工和危险化学品生产经营单位涉及的特种作业，除电工作业、焊接与热切割作业、高处作业等通用的作业类型外，还包括危险化工工艺过程操作及化工自动化控制仪表安装、维修、维护作业［包含光气及光气化工艺、氯碱电解工艺、氯化工艺、硝化工艺、合成氨工艺、裂解（裂化）工艺、氟化工艺、加氢工艺、重氮化工艺、氧化工艺、过氧化工艺、胺基化工艺、磺化工艺、聚合工艺、烷基化工艺等15种危险工艺过程操作，以及化工自动化控制仪表安装、维修、维护〕。

从事上述作业的人员，均需经过培训考核取得特种作业操作证。未持证上岗的应纳入重大事故隐患。

三、涉及"两重点一重大"的生产装置、储存设施外部安全防护距离不符合国家标准要求

本条款的主要目的是要求有关单位依据法规标准设定外部安全防护距离作为缓冲距离，防止危险化学品生产装置、储存设施在发生火灾、爆炸、毒气泄漏事故时造成重大人员伤亡和财产损失。外部安全防护距离既不是防火间距，也不是卫生防护距离，应在危险化学品品种、数量、个人和社会可接受风险标准的基础上科学界定。

设置外部安全防护距离是国际上风险管控的通行做法。2014 年 5 月，国家安全生产监督管理总局发布第 13 号公告《危险化学品生产、储存装置个人可接受风险标准和社会可接受风险标准（试行）》，明确了陆上危险化学品企业新建、改建、扩建和在役生产、储存装置的外部安全防护距离的标准。

同时，《石油化工企业设计防火规范（2018 年版）》（GB 50160—2008）、《建筑设计防火规范（2018 年版）》（GB 50016—2014）等标准对生产装置、储存设施及其他建筑物外部距离有要求的，涉及"两重点一重大"的生产装置、储存设施也应满足其要求。

2009 年河南洛染"7·15"爆炸事故，企业与周边居民区安全距离严重不足，事故造成 8 人死亡、8 人重伤，108 名周边居民被爆炸冲击波震碎的玻璃划伤。

四、涉及重点监管危险化工工艺的装置未实现自动化控制，系统未实现紧急停车功能，装备的自动化控制系统、紧急停车系统未投入使用

《危险化学品生产企业安全生产许可证实施办法》（国家安全生产监督管理总局令第41号）要求，"涉及危险化工工艺、重点监管危险化学品的装置装设自动化控制系统；涉及危险化工工艺的大型化工装置装设紧急停车系统。"

近年来，涉及重点监管危险化工工艺的企业采用自动化控制系统和紧急停车系统减少了装置区等高风险区域的操作人员数量，提高了生产装置的本质安全水平。

然而，仍有部分涉及重点监管危险化工工艺的企业没有按照要求实现自动化控制和紧急停车功能，或设置了自动化控制和紧急停车系统但不正常投入使用。

2017年12月9日，江苏省连云港市聚鑫生物科技有限公司间二氯苯生产装置发生爆炸事故，致使事故装置所在的四车间和相邻的六车间整体坍塌，共造成10人死亡、1人受伤，事故装置自动化控制水平低、现场作业人员较多是造成重大人员伤亡的重要原因。

五、构成一级、二级重大危险源的危险化学品罐区未实现紧急切断功能；涉及毒性气体、液化气体、剧毒液体的一级、二级重大危险源的危险化学品罐区未配备独立的安全仪表系统

《危险化学品重大危险源监督管理暂行规定》（国家安全生产监督管理总局令第40号）要求，"一级或者二级重大危险源，

装备紧急停车系统"和"涉及毒性气体、液化气体、剧毒液体的一级或者二级重大危险源，配备独立的安全仪表系统。"

构成一级、二级重大危险源的危险化学品罐区，因事故后果严重，各储罐均应设置紧急停车系统，实现紧急切断功能。对与上游生产装置直接相连的储罐，如果设置紧急切断可能导致生产装置超压等异常情况时，可以通过设置紧急切换的方式避免储罐造成超液位、超压等后果，实现紧急切断功能。

2010 年 7 月 16 日，大连中石油国际储运公司原油库输油管道发生爆炸，引发大火并造成大量原油泄漏，事故造成 1 人死亡、1 人受伤，直接经济损失为 22330.19 万元。此次事故升级的重要原因是发生泄漏的原油储罐未设置紧急切断系统，原油从储罐中不断流出无法紧急切断，导致火灾扩大。

2010 年 1 月 7 日，兰州石化公司合成橡胶厂 316# 罐区发生火灾爆炸事故，造成 6 人死亡、1 人重伤、5 人轻伤，由于碳四物料泄漏后在防火堤内汽化弥漫，人员无法靠近关断底阀，且事故储罐未安装紧急切断系统，致使物料大量泄漏。

六、全压力式液化烃储罐未按国家标准设置注水措施

当全压力式储罐发生泄漏时，向储罐注水使液化烃液面升高，将泄漏点置于水面下，可减少或防止液化烃泄漏，将事故消灭在萌芽状态。

1998 年 3 月 5 日，西安煤气公司液化气管理所液化气储罐发生泄漏着火后爆炸，造成 12 人死亡，主要原因是 400m³ 球罐排污阀上部法兰密封失效，堵漏失败后引发着火爆炸。《石

油化工企业设计防火规范（2018 版）》（GB 50160—2008）第6.3.16 条要求，"全压力式储罐应采取防止液化烃泄漏的注水措施"。《石油化工液化烃球形储罐设计规范》（SH 3136—2003）第 7.4 条要求，"丙烯、丙烷、混合 C_4、抽余 C_4 及液化石油气的球形储罐应设注水设施。"

全压力式液化烃储罐注水措施的设置应经过正规的设计、施工和验收程序。注水措施的设计应以安全、快速有效、可操作性强为原则，设置带手动功能的远程控制阀，符合国家相关标准的规定。要求设置注水设施的液化烃储罐主要是常温的全压力式液化烃储罐，对半冷冻压力式液化烃储罐（如乙烯）、部分遇水发生反应的液化烃（如氯甲烷）储罐可以不设置注水措施。

此外，设置的注水措施应保障充足的注水水源，满足紧急情况下的注水要求，充分发挥注水措施的作用。

七、液化烃、液氨、液氯等易燃易爆、有毒有害液化气体的充装未使用万向管道充装系统

液化烃、液氨、液氯等易燃易爆、有毒有害液化气体充装安全风险高，一旦泄漏容易引发爆炸燃烧、人员中毒等事故。

万向管道充装系统旋转灵活、密封可靠性高、静电危害小、使用寿命长，安全性能远高于金属软管，且操作使用方便，能有效降低液化烃、液氨、液氯等易燃易爆、有毒有害液化气体充装环节的安全风险。

国务院安委会办公室《关于进一步加强危险化学品安全生

产工作的指导意见》（安委办〔2008〕26号）和国家安全生产监督管理总局、工业和信息化部《关于危险化学品企业贯彻落实〈国务院关于进一步加强企业安全生产工作的通知〉的实施意见》（安监总管三〔2010〕186号）均要求，在危险化学品充装环节，推广使用金属万向管道充装系统代替充装软管，禁止使用软管充装液氯、液氨、液化石油气、液化天然气等液化危险化学品。

《石油化工企业设计防火规范（2018年版）》（GB 50160—2008）对液化烃、可燃液体的装卸要求较高，规范第6.4.2条第六款以强制性条文要求"甲B、乙、丙A类液体的装卸车应采用液下装卸车鹤管"，第6.4.3条规定"1.液化烃（即甲A类易燃液体）严禁就地排放；2.低温液化烃装卸鹤位应单独设置。"

2015年9月18日，河南中鸿煤化公司发生合成氨泄漏事故，造成厂区附近部分村民中毒。

事故原因是河南中鸿煤化公司化工厂区合成氨塔底部金属软管爆裂导致氨气泄漏。

八、光气、氯气等剧毒气体及硫化氢气体管道穿越除厂区（包括化工园区、工业园区）外的公共区域

《危险化学品输送管道安全管理规定》（国家安全生产监督管理总局令第43号）要求，禁止光气、氯气等剧毒化学品管道穿（跨）越公共区域，严格控制氨、硫化氢等其他有毒气体的危险化学品管道穿（跨）越公共区域。

随着我国经济的快速发展，城市化进程不断加快，一些危险化学品输送管道从原来的地处偏远郊区逐渐被新建的居民和商业区所包围，一旦穿过公共区域的毒性气体管道发生泄漏，会对周围居民生命安全带来极大威胁。

同时，氯气、光气、硫化氢密度均比空气大，腐蚀性强，均能腐蚀设备，易导致设备、管道腐蚀失效，一旦泄漏，很容易引发恶性事故。

如 2004 年发生的重庆市天原化工总厂"4·16"氯气泄漏爆炸事故，原因是设备长期腐蚀穿孔，发生液氯储槽爆炸，导致氯气外泄，在事故处置过程中又连续发生爆炸，造成 9 人死亡、3 人受伤、15 万群众紧急疏散。

九、地区架空电力线路穿越生产区且不符合国家标准要求

地区架空电力线电压等级一般为 35kV 以上，若穿越生产区，一旦发生倒杆、断线或导线打火等意外事故，有可能影响生产并引发火灾，造成人员伤亡和财产损失。

反之，生产厂区内一旦发生火灾或爆炸事故，对架空电力线也有威胁。本条款涉及的国家标准是指《石油化工企业设计防火规范（2018 年版）》（GB 50160—2008）和《建筑设计防火规范（2018 年版）》（GB 50016—2014）。

其中，《石油化工企业设计防火规范（2018 年版）》（GB 50160—2008）第 4.1.6 条要求，"地区架空电力线路严禁穿越生产区"，因此石油化工企业及其他按照《石油化工企业设计防火规范（2018 年版）》（GB 50160—2008）设计的化工和危险

化学品生产经营单位均严禁地区架空电力线穿越企业生产、储存区域。

其他化工和危险化学品生产经营单位则应按照《建筑设施防火规范（2018 年版）》（GB 50016—2014）第 10.2.1 条规定，"架空电力线与甲、乙类厂房（仓库），可燃材料堆垛，甲类、乙类、丙类液体储罐，液化石油气储罐，可燃、助燃气体储罐的最近水平距离应符合表 10.2.1 的规定。35kV 及以上架空电力线与单罐容积大于 $200m^3$ 或总容积大于 $1000m^3$ 液化石油气储罐（区）的最近水平距离不应小于 40m。

十、在役化工装置未经正规设计且未进行安全设计诊断

本条款的主要目的是从源头控制化工和危险化学品生产经营单位安全风险，满足安全生产条件，提高在役化工装置本质安全水平。

一些地区部分早期建成的化工装置，由于未经正规设计或者未经具备相应资质的设计单位进行设计，导致规划、布局、工艺、设备、自动化控制等不能满足安全要求，安全风险未知或较大。

2012 年 6 月，国家安全生产监督管理总局、国家发展改革委员会、工业和信息化部、住房城乡建设部联合下发的《关于开展提升危险化学品领域本质安全水平专项行动的通知》（安监总管三〔2012〕87 号）要求，对未经正规设计的在役化工装置进行安全设计诊断，全面消除安全设计隐患。

2013 年 6 月，国家安全生产监督管理总局、住房城乡建设

部联合下发了《关于进一步加强危险化学品建设项目安全设计管理的通知》（安监总管三〔2013〕76号）明确要求，危险化学品建设项目的设计单位必须取得原建设部《工程设计资质标准》（建市〔2007〕86号）规定的化工石化医药、石油天然气（海洋石油）等相关工程设计资质。

涉及重点监管危险化工工艺、重点监管危险化学品和危险化学品重大危险源的大型建设项目，其设计单位资质应为工程设计综合资质或相应工程设计化工石化医药、石油天然气（海洋石油）行业专业资质甲级。

对新、改、扩建危险化学品建设项目，必须由具备相应资质和相关设计经验的设计单位负责设计，在役化工装置进行安全设计诊断也应按照相应的要求执行。

如2012年，河北赵县"2·28"重大爆炸事故企业克尔化工有限公司未经正规设计，装置布局、工艺技术及流程、设备管道、安全设施、自动化控制等均存在明显缺陷。

十一、使用淘汰落后安全技术工艺、设备目录列出的工艺、设备

《中华人民共和国安全生产法》第三十五条规定，国家对严重危及生产安全的工艺、设备实行淘汰制度，具体目录由国务院安全生产监督管理部门会同国务院有关部门制定并公布。

法律、行政法规对目录的制订另有规定的，适用其规定。省、自治区、直辖市人民政府可以根据本地区实际情况制订并公布具体目录，对前款规定以外的危及生产安全的工艺、设备

予以淘汰。生产经营单位不得使用应当淘汰的危及生产安全的工艺设备。

因此，本条款中的"淘汰落后安全技术工艺、设备目录"是指列入国家安全生产监督管理总局《关于印发淘汰落后安全技术装备目录（2015 年第一批）的通知》（安监总科技〔2015〕43 号）、《关于印发淘汰落后安全技术工艺、设备目录（2016 年）的通知》（安监总科技〔2016〕137 号）等相关文件被淘汰的工艺、设备，各地区也可自行制订并公布具体目录。

如山西晋城"5·16"事故企业使用国家明令淘汰的落后工艺——间接焦炭法生产二硫化碳，该工艺生产过程中易发生泄漏、中毒等生产安全事故，安全隐患突出。

十二、涉及可燃和有毒有害气体泄漏的场所未按国家标准设置检测报警装置，爆炸危险场所未按国家标准安装使用防爆电气设备

本条款中规定的国家标准是指《石油化工可燃气体和有毒气体检测报警设计规范》（GB 50493—2009）、《爆炸性环境　第 1 部分：设备　通用要求》（GB 3836.1—2010）和《爆炸性环境　第 16 部分：电气装置的检查与维护》（GB 3836.16—2017）。

其中，《石油化工可燃气体和有毒气体检测报警设计规范》（GB 50493—2009）要求，化工和危险化学品企业涉及可燃气体和有毒气体泄漏的场所应按照法规标准要求设置检测报警装置，检测报警装置设置的内容包括检测报警类别，装置的数量

和位置，检测报警值的大小、信息远传、连续记录和存储要求，声光报警要求，检测报警装置的完好性等。

《爆炸性环境　第1部分：设备　通用要求》（GB 3836.1—2010）和《爆炸性环境　第16部分：电气装置的检查与维护》（GB 3836.16—2017）对防爆区域的分类进行了明确的界定，对防爆区域电气设备的选型、安装和使用提出了明确要求。

2008年8月26日，广西广维化工股份有限公司有机厂乙炔气泄漏并发生爆炸，造成21人死亡，60多人受伤，事故原因之一是罐区未设置可燃气体报警仪，物料泄漏没有被及时发现。

2017年6月5日，山东临沂金誉石化公司一辆液化气罐车在卸车作业过程中发生液化气泄漏，引起重大爆炸着火事故。据分析，引发第一次爆炸可能的点火源是临沂金誉石化有限公司生产值班室内在用的非防爆电器产生的电火花。

十三、控制室或机柜间面向具有火灾、爆炸危险性装置一侧不满足国家标准关于防火防爆的要求

本条款的主要目的是要求企业落实控制室、机柜间等重要设施防火防爆的安全防护要求，在火灾、爆炸事故中，能有效地保护控制室内作业人员的生命安全、控制室及机柜间内重要自控系统、设备设施的安全。

涉及的国家标准包括《石油化工企业设计防火规范（2018年版）》（GB 50160—2008）和《建筑设计防火规范（2018年版）》（GB 50016—2014）。具有火灾、爆炸危险性的化工和危

险化学品企业控制室或机柜间应满足以下要求：

其面向具有火灾、爆炸危险性装置一侧的安全防护距离应符合《石油化工企业设计防火规范（2018年版）》（GB 50160—2008）表4.2.12等条款提出的防火间距要求，且控制室、机柜间的建筑、结构满足《石油化工控制室设计规范》（SH/T 3006—2012）第4.4.1条等提出的抗爆强度要求。

面向具有火灾、爆炸危险性装置一侧的外墙应为无门窗洞口、耐火极限不低于3h的不燃烧材料实体墙。

2007年河北沧州大化"5·11"爆炸事故和2017年山东临沂"6·5"爆炸事故均暴露出控制室不满足防火防爆要求的问题。

十四、化工生产装置未按国家标准要求设置双重电源供电，自动化控制系统未设置不间断电源

本条款的主要目的是从硬件角度出发，通过对化工生产装置设置双重电源供电，以及对自动化控制系统设置不间断电源，提高化工装置重要负荷和控制系统的安全性。

涉及的标准主要有《供配电系统设计规范》（GB 50052—2009）和《石油化工装置电力设计规范》（SH/T 3038—2017）。

2017年2月21日，内蒙古阿拉善盟立信化工公司对硝基苯胺车间发生反应釜爆炸事故，造成2人遇难、4人受伤。

经调查，事故企业在应急电源不完备的情况下擅自复产，由于大雪天气工业园区全面停电，企业应急电源无法使用，致使对硝基苯胺车间反应釜无法冷却降温，发生爆炸。

十五、安全阀、爆破片等安全附件未正常投用

本条款通过规范具有泄压排放功能的安全阀、爆破片等安全附件的管理，保障企业安全设施的完好性。

《石油化工企业设计防火规范（2018 年版）》（GB 50160—2008）第 5.5 节"泄压排放和火炬系统"对化工和危险化学品企业具有泄压排放功能的安全阀、爆破片等安全附件的设计、安装与设置等提出了明确要求。

2016 年 7 月 16 日，位于山东日照市的山东石大科技石化有限公司发生液化烃储罐着火爆炸事故。根据事故调查报告，罐顶安全阀前后手动阀关闭，瓦斯放空线总管在液化烃罐区界区处加盲板隔离，无法通过火炬系统对液化石油气进行安全泄放，重要安全防范措施无法正常使用，是导致本次事故后果扩大的主要原因。

安全阀、爆破片等安全附件同属于压力容器的安全卸压装置，是保证压力容器安全使用的重要附件，其合理的设置、性能的好坏、完好性直接关系到化工和危险化学品企业生产、储存设备和人身的安全。

十六、未建立与岗位相匹配的全员安全生产责任制或者未制订实施生产安全事故隐患排查治理制度

安全生产责任制是企业中最基本的一项安全制度，也是企业安全生产管理制度的核心。发生事故后倒查企业管理原因，多与安全生产责任制不健全和隐患排查治理不到位有关。

本条款的主要目的是督促化工和危险化学品企业制定落实与岗位职责相匹配的全员安全生产责任制，根据本单位生产经营特点、风险分布、危险有害因素的种类和危害程度等情况，制定隐患排查治理制度，推进企业建立安全生产长效机制。

关于企业的安全生产责任制主要检查两点：一是企业所有岗位都应建立与之一一对应的安全生产责任，责任制的内容应包括但不限于基本的法定职责；二是应采取适当途径告知从业人员安全生产责任及考核情况。

隐患排查治理应常态化，并做到闭环管理，且纳入日常考核。

十七、未制定操作规程和工艺控制指标

《中华人民共和国安全生产法》第十八条规定，"生产经营单位的主要负责人应负责组织制定本单位安全生产规章制度和操作规程。"

化工和危险化学品企业的各生产岗位应制定操作规程和工艺控制指标：

一是制定操作规程管理制度，规范操作规程内容，明确操作规程编写、审查、批准、分发、使用、控制、修改及废止的程序和职责。

二是编制的各生产岗位操作规程的内容应至少包括开车、正常操作、临时操作、应急操作、正常停车和紧急停车的操作步骤与安全要求；工艺参数的正常控制范围，偏离正常工况的后果，防止和纠正偏离正常工况的方法及步骤；操作过程的人身安全保障、职业健康注意事项。

三是制定工艺控制指标，如以工艺卡片的形式明确对工艺和设备安全操作的最低要求。

四是操作规程、工艺控制指标应科学合理，保证生产过程安全。

化工和危险化学品企业未制定操作规程和工艺控制指标，或制定的操作规程和工艺控制指标不符合以上四项要求的任意一项，都应纳入重大事故隐患进行管理。

河北赵县"2·28"重大爆炸事故暴露出事故企业工艺管理混乱，不经安全审查随意变更生产原料、工艺设施，车间管理人员没有专业知识和能力，违反操作规程，擅自将反应温度大幅调高。

十八、未按照国家标准制定动火、进入受限空间等特殊作业管理制度，或者制度未有效执行

本条款的主要目的是促进化学品生产经营单位在设备检修及相关作业过程中可能涉及的动火作业、进入受限空间作业及其他特殊作业安全进行。涉及的国家标准是《化学品生产单位特殊作业安全规范》（GB 30871—2014）。

近年来，化工和危险化学品生产经营单位在动火、进入受限空间作业等特殊作业环节事故占到全部事故的近50%。

2016年4月22日，江苏靖江德桥仓储有限公司储罐区2号交换站发生火灾，直接经济损失2532.14万元。

调查发现，事故的直接原因是江苏靖江德桥仓储有限公司

组织承包商在 2 号交换站管道进行动火作业，在未清理作业现场地沟内油品、未进行可燃气体分析、未对动火点下方的地沟采取覆盖、铺沙等措施进行隔离的情况下，违章动火作业，切割时产生火花引燃地沟内的可燃物引发大火。

十九、新开发的危险化学品生产工艺未经小试、中试、工业化试验直接进行工业化生产；国内首次使用的化工工艺未经过省级人民政府有关部门组织的安全可靠性论证；新建装置未制订试生产方案投料开车；精细化工企业未按规范性文件要求开展反应安全风险评估

新工艺安全风险未知，若没有安全可靠性论证、逐级放大试验、严密的试生产方案，风险很难辨识，管控措施很难到位，容易发生"想不到"的事故。

本条款中"精细化工企业未按规范性文件要求开展反应安全风险评估"，规范性文件是指国家安全生产监督管理总局于 2017 年 1 月发布《关于加强精细化工反应安全风险评估工作的指导意见》（安监总管三〔2017〕1 号）要求，企业中涉及重点监管危险化工工艺和金属有机物合成反应（包括格氏反应）的间歇和半间歇反应，有以下情形之一的，要开展反应安全风险评估：

（1）国内首次使用的新工艺、新配方投入工业化生产的及国外首次引进的新工艺且未进行过反应安全风险评估的。

（2）现有的工艺路线、工艺参数或装置能力发生变更，且没有反应安全风险评估报告的。

（3）因反应工艺问题，发生过事故的。

精细化工生产中反应失控是发生事故的重要原因，开展精细化工反应安全风险评估、确定风险等级并采取有效管控措施，对于保障企业安全生产具有重要意义。

2017年浙江林江化工股份有限公司"6·9"爆燃事故就是企业受经济利益驱使，在不掌握反应安全风险的情况下，在已停产的车间开展医药中间体的中试研发，仅依据500mL规模小试结果就盲目将试验规模放大至1万倍以上，由于中间产物不稳定，发生分解引发爆燃事故。

二十、未按国家标准分区分类储存危险化学品，超量、超品种储存危险化学品，相互禁配物质混放混存

禁配物质混放混存，安全风险大。本条款的主要目的是着力解决危险化学品储存场所存在的危险化学品混存堆放、超量超品种储存等突出问题，遏制重特大事故发生。

涉及的国家标准主要有《建筑设计防火规范（2018年版）》（GB 50016—2014）、《常用化学危险品贮存通则》（GB 15603—1995）、《易燃易爆性商品储存养护技术条件》（GB 17914—2013）、《腐蚀性商品储存养护技术条件》（GB 17915—2013）和《毒害性商品储存养护技术条件》（GB 17916—2013）等。

2015年8月12日，位于天津市滨海新区天津港的瑞海国际物流有限公司发生特别重大火灾爆炸事故，事故暴露出的突出问题是不同危险特性的危险化学品混存堆放，造成事故后果极度扩大，事故共造成165人遇难、8人失踪、798人受伤，并造成重大经济损失。